LES ANIMAUX

BIBLIOTHÈQUE DES CURIOSITÉS

LES
ANIMAUX

PARIS
P. LEBIGRE-DUQUESNE, ÉDITEUR
16, RUE HAUTEFEUILLE, 16

1868

INTRODUCTION

INTRODUCTION.

Les animaux sont des spécimens vivants des tâtonnements faits par la nature avant d'arriver à la formation de l'homme, si bien que ce dernier se trouve n'être en réalité que le produit, la résultante de ses essais successifs.

L'homme n'a pu être créé tout d'un coup sur un plan préconçu, mais il semble au contraire un assemblage harmonieux des parties constitutives de divers animaux arrivant à constituer un ensemble, un tout supérieur à chacun des êtres animés qui ont concouru à sa formation.

Qu'il ait été créé tout d'une pièce par la volonté

d'un être supérieur, ou qu'il se soit lentement dégagé par les seules forces créatrices de la nature, l'homme, inférieur dans certaines de ses parties constitutives à la plupart des animaux, les surpasse par l'intelligence, et là est le secret de sa domination sur tous les êtres animés.

M. Flourens a très-clairement posé la limite qui sépare l'intelligence de l'homme de celle des animaux.

« Les animaux, dit-il, reçoivent par leurs sens des impressions semblables à celles que nous recevons par les nôtres; ils conservent comme nous la trace de ces impressions; ces impressions conservées forment pour eux, comme pour nous, des associations nombreuses et variées; ils les combinent, ils en tirent des rapports, ils en déduisent des jugements; ils ont donc de l'intelligence

« Mais toute leur intelligence se réduit là. Cette

intelligence qu'ils ont ne se considère pas elle-même, ne se voit pas, ne se connaît pas : ils n'ont pas la *réflexion*, cette faculté suprême qu'a l'esprit de l'homme de se replier sur lui-même et d'étudier l'esprit.

« La réflexion, ainsi définie, est donc la limite qui sépare l'intelligence de l'homme de celle des animaux. Et l'on ne peut disconvenir, en effet, qu'il n'y ait là une ligne démarcation profonde. Cette pensée qui se considère elle-même, cette intelligence qui se voit et qui s'étudie, cette connaissance qui se connaît, forment évidemment un ordre de phénomènes déterminés, d'une nature tranchée, et auxquels nul animal ne saurait atteindre. C'est là, si l'on peut ainsi dire, le monde purement intellectuel ; et ce monde n'appartient qu'à l'homme. En un mot, les animaux sentent, connaissent, pensent, mais l'homme est le seul de tous les êtres à qui ce pouvoir ait été donné de

1.

sentir qu'il sent, de connaître qu'il connaît, de penser qu'il pense. »

C'est ce que Pascal a si admirablement résumé dans cette pensée célèbre :

« L'homme n'est qu'un roseau, le plus faible de la nature, mais c'est un roseau pensant. Il ne faut pas que l'univers entier s'arme pour l'écraser. Une vapeur, une goutte d'eau, suffit pour le tuer. Mais quand l'univers l'écraserait, l'homme serait encore plus noble que ce qui le tue, parce qu'il sait qu'il meurt ; et l'avantage que l'univers a sur lui, l'univers n'en sait rien. »

« Toute notre dignité consiste donc en la pensée. C'est de là qu'il faut nous relever, non de l'espace et de la durée, que nous ne saurions remplir. Travaillons donc à bien penser : voilà le principe de la morale. »

Nous allons donc passer en revue les animaux les plus curieux du globe, soit par l'étrangeté de leur constitution ou de leurs proportions, soit par les travaux qu'ils exécutent, soit par le plus ou moins d'intelligence dont ils font preuve.

Nous adopterons pour ce faire la classification d'intelligence des animaux adoptée par Cuvier et qui nous semble la plus rationnelle.

LES ANIMAUX ANTÉDILUVIENS

CHAPITRE I.

LES ANIMAUX ANTÉDILUVIENS.

Première apparition de la vie sur le globe. — Les reptiles : la Labyrinthodon, l'Ichthyosaure, le Mosasaure, le Plésiosaure. — Transition des reptiles aux oiseaux : le Ptérodactyle. — Pachydermes, le Dinothere, le Mastadonte, le Sivatherium.

L'origine de la terre se perd dans la nuit des âges, et, suivant l'expression de M. Élie de Beaumont, peut-être ne reste-t-il pas une seule page intacte des premières archives du globe. D'ingénieuses hypothèses ont été cependant émises sur la formation de notre planète, mais aucune ne peut prétendre à la certitude.

La plus accréditée de nos jours est encore celle qui, proposée en 1755 par Kant, le philosophe, et développée par Herschel, a été reprise et admirablement appuyée par Laplace dans son *Exposition du système du monde.*

Selon ce savant, la terre autrefois formée d'une matière cosmique gazeuse d'une haute température et d'une dilatation supérieure à celle des gaz les plus raréfiés, se solidifia par le refroidissement. Les mers, tièdes encore, occupaient la presque totalité du globe lorsque parurent les premiers êtres vivants.

Crustacés informes, polypiers rudimentaires, poissons difformes, tels furent, pendant une longue période, les premiers habitants de la terre, que couvrit bientôt une végétation luxuriante favorisée par la chaleur que conservait encore l'écorce à peine refroidie du globe, jointe à l'humidité de l'atmosphère.

Bientôt ces forêts mornes et gigantesques s'animèrent d'une vie étrangère et terrible par l'apparition des premiers reptiles qui caractérisent l'époque secondaire. Ces sauriens énormes, si bien en rapport avec la végétation qui les entourait, effraient l'esprit par leurs dimensions colossales et les armes redoutables dont la nature les avait armés.

C'est d'abord le Labyrinthodon, crapaud monstrueux, dont la taille égalait celle d'un bœuf. — La grenouille du bon de La Fontaine avait, on le voit, un ressouvenir des premiers âges. — C'est grâce à l'observation attentive des strates de cette époque que l'on est arrivé à posséder sur cet animal un ensemble de détails anatomiques suffisant pour le restituer à peu de chose près dans sa forme primitive.

Alors vivait aussi l'Ichthyosaure, moitié poisson, moitié reptile comme l'indique son nom, et qui acquérant jusqu'à 10 mètres de longueur jetait l'épouvante parmi les habitants de la mer.

Rien de plus étrange que la formation de cet animal, un vivant paradoxe. Avec les vertèbres d'un poisson, il possédait les nageoires du Dauphin. Pourvu d'une denture semblable à celle du crocodile, il était surtout remarquable par des yeux énormes, doués à ce que prétend Buckland d'une vue perçante, qui lui permettait de découvrir sa proie dans les abîmes de l'océan, malgré la distance et l'obscurité.

La persévérance et l'ingéniosité des naturalistes se sont tellement exercées à l'égard de cet animal étrange, que, encore qu'il ait disparu de la surface du globe, depuis des milliers d'années, on est arrivé à se rendre un compte exact de la structure de son tube intestinal et à découvrir la nature même de ses aliments, par l'examen de ses fèces ou coprolithes.

Ce vorace reptile faisait une consommation énorme de poissons, sans même dédaigner ses congénères, lorsqu'ils se trouvaient d'aventure plus faibles que lui. Il n'y a décidément rien de nouveau sous le soleil, et M. Gagne, qui prêche la philanthropophagie, a été dévancé par les reptiles antédiluviens.

Non moins étrange, non moins redoutable fut le Plésiosaure, digne rival de l'Ichthyosaure. C'était, autant qu'on peut le supposer par la disposition de son squelette, un animal amphibie, nageant à la surface des eaux comme le cygne, pourvu de nageoires semblables à celles de la tortue, et doué d'un cou démésurément long et flexible comme celui d'un serpent.

Les pattes de l'Ichthyosaure, analogues à celles des tortues de mer, font présumer qu'il s'en servait pour fuir sur la terre les attaques du Plesiosaure, son rival et partant son ennemi.

Au reste, cette période semble surtout caractérisée par l'apparition de reptiles affectant les dimensions les plus exagérées. Témoin le Mosasaure, longtemps connu sous le nom de Grand animal de Maestricht, saurien maritime, qui atteignait l'effrayante proportion de 20 mètres de longueur.

Un nouveau progrès de la nature distingue encore cette période, c'est la naissance du Pterodactyle, animal si bizarre que les naturalistes l'ont tour à tour classé parmi les poissons, les oiseaux, les mammifères et les reptiles. Blainville, lui-même, pour sortir d'embarras, fut obligé d'assigner à cet être hybride une classe spéciale dans la faune antédiluvienne.

Son aspect devait être, en effet, fort singulier. Lorsque les naturalistes tentèrent d'en restituer l'organisme, les figures qu'ils en donnèrent parurent plutôt le caprice d'une imagination maladive que le produit de la vérité. D'après leurs restes fossiles c'étaient des reptiles munis de grandes ailes, assez semblables à celles des chauves-souris, et dont la tête très-effilée était supportée par un cou long et grêle.

« Certains naturalistes, dit M. Pouchet, et tel fut Bory de Saint-Vincent, n'étaient pas éloignés d'admettre que ces fantastiques animaux ont pu donner la primitive idée de ces images de Dragons représentés si fréquemment sur les monuments des arts naissants, ou dont l'existence est attestée par divers écrivains inspirés. Ce savant suppose que quelques grands Ptérodactyles, en survivant à l'époque où ils s'éteignirent tous, auront pu se trouver les contemporains des premiers hommes; et que ceux-ci frappés de leur étrange aspect, en conservèrent peut-être quelques images parmi leurs imparfaits dessins hiéroglyphiques, dont ensuite la tradition mythologique déforma plus ou moins le type. »

Nous arrivons à l'époque tertiaire. Les reptiles ont disparu dans les abîmes du globe; à leur place paraissent d'abondantes races de mammifères. Aucune faune n'est plus riche que celle de cette époque, à laquelle appartiennent les plus gigantesques mammifères terrestres : le Dinothère, le grand Mastodonte, le Mégathère, le Mammouth et le Sivatherium.

Le Dinothère, analogue aux éléphants par les formes, lui était bien supérieur par la taille; l'esprit reste confondu d'étonnement à la vue des restes fossiles de ce monstrueux animal.

Un animal, qui a été l'objet de l'attention de tout le monde savant, le grand Mastodonte, appartient à la même période. D'abord nommé éléphant de l'Ohio, pour rappeler sa forme et le lieu où il fut découvert, on a dû, par la suite, en former un genre particulier, à cause de ses dents formées de forts mamelons saillants.

Bien que d'une telle taille, les restes de cette espèce sont extrêmement connus, dit M. Pouchet, au Canada et à la Louisiane. Le long de la rivière des grands Osages, on en découvre des squelettes presque complets. On a parfois exhumé des Mastodontes entiers et restés debout dans des dépôts qui semblaient les avoir surpris tout vivants; quelques-uns paraissaient même avoir été enveloppés si subitement par les alluvions, qu'on retrouva encore dans leur ventre les aliments qu'ils venaient d'engouffrer, et l'on put en déterminer l'essence : c'étaient des herbes et de fines branches d'arbres. Ainsi la science arrivait encore à débrouiller de quoi se nourrissait l'un des plus anciens êtres du globe.

Mais l'individu le plus effrayant de cette période

est le gigantesque Sivatherium, trouvé dans l'Inde, et auquel, à cause de cette circonstance, on a imposé un nom mythologique dérivé de la déesse Siva qu'on y adore. Cet animal, au dire d'Owen, est assurément la plus gigantesque et la plus extraordinaire race éteinte que l'on connaisse. C'était un cerf de la taille d'un éléphant, ayant la tête couronnée de quatre bois.

L'époque quaternaire, qui a aussi produit ses monstres, a donné lieu aux fables les plus invraisemblables. C'est ainsi que les manuscrits mantchoux mentionnent une souris colossale de la taille d'un éléphant. Il est vrai que ses restes fossiles ne gisent encore que dans l'imagination du narrateur.

Ceux dont on ne peut mettre en doute l'existence sont ceux des énormes éléphants de l'extrême Nord. Le corps de l'un d'eux fut trouvé par des pêcheurs dans les glaces de l'embouchure de la

Lena, en 1799. Les chairs, enveloppées par un bloc de glace, s'étaient conservées depuis des milliers d'années, des millions peut-être ! Les animaux carnassiers venaient y prendre à même un repas antédiluvien.

Le squelette presque intact de cet animal put être recueilli, et on le voit aujourd'hui au musée de Saint-Pétersbourg.

LES INFINIMENT PETITS.

Les infusoires antédiluviens. — La farine fossile. — La Milliole.

Chose étrange ! Ces géants du monde primitif, dont la taille colossale dépasse l'imagination, ont à peine laissé de faibles traces de leur existence sur le globe. Au contraire, les infusoires antédiluviens, dont l'œil ne peut soupçonner l'existence s'il n'est armé d'un microscope ou tout au moins d'une forte loupe, constituent en certains endroits une portion notable de l'écorce terrestre !

D'après les calculs du célèbre micrographe Ehrenberg, il existe parfois plus d'un million de ces animaux dans un pouce cube de craie; qu'on juge par là de leur petitesse et de leur prodigieuse fécondité, si l'on songe qu'il y a des montagnes uniquement formées de l'amoncellement des carapaces de ces petits êtres. Il y a là de quoi confondre l'imagination.

Le tripoli, cette poussière si connue des ménagères, n'est autre chose en réalité que les squelettes fossiles de myriades d'infusoires appartenant à la famille des bacillariées. « Chaque grain de poussière, dit le poète Shelley, dans son magnifique langage, fut jadis animé. »

Dans un pouce cube de tripoli de Bohême, Schleiden a calculé que l'on trouve en nombre rond quarante mille millions d'animalcules. Or, comme les couches où se trouve ce tripoli s'étendent sur une surface qui n'a pas moins de huit à dix lieues carrées, sur une épaisseur de deux à quinze pieds, quelle a dû être sur ce point la prodigieuse activité de la vie pour accumuler un nombre si incalculable d'animalcules ; après cela, comme on dit, il faut tirer l'échelle.

Nos lecteurs ne sont pas sans avoir lu dans certains livres de voyages que, vers l'embouchure de l'Orénoque, des tribus indiennes se nourrissent une partie de l'année d'une argile grasse et ferrugineuse, dont ils consomment jusqu'à une livre et demie par jour. Cette coutume, qu'on retrouve en Amérique, sur les bords de l'Amazone, en Bolivie, et aussi dans la Caroline et la Floride, s'explique par ce fait curieux que cette argile renferme une grande quantité d'infusoires d'eau douce et de coquilles microscopiques qui n'ont pas encore perdu toutes leurs matières animales, et qu'elles peuvent ainsi fournir à ces peuplades une véritable nourriture antédiluvienne.

Il existe également une sorte de farine fossile dont se nourrissent les Lapons. Retzius, qui l'a observée, a reconnu qu'elle est composée de dix-neuf espèces d'infusoires analogues à ceux qui vivent aujourd'hui aux environs de Berlin.

Nous terminerons le récit des étrangetés dues aux animalcules microscopiques en parlant des Milioles, petites coquilles, ainsi appelées parce qu'elles ne sont pas plus grosses qu'un grain de millet. Ces coquilles intéressent particulièrement les Parisiens en ce qu'elles composent les pierres dont sont construites la plupart des maisons de notre capitale. En effet, ce sont elles qui, déposées par la mer sur le territoire de Paris, ont formé de véritables montagnes exploitées aujourd'hui pour la construction de nos villes.

M. Defrance, qui a étudié la miliole des pierres, a calculé qu'une ligne cube de capacité pouvait contenir quatre-vingt-seize de ces coquilles.

L'avenir réserve peut-être à la science des découvertes plus miraculeuses encore : et le mot est trop faible; car qu'est-ce que l'on entend par un miracle auprès de phénomènes naturels semblables à ceux que nous venons de décrire ?

LES HOMMES-SINGES

CHAPITRE II.

LES HOMMES-SINGES.

L'Orang-Outang et le Chimpanzé.

Comme notre intention n'est pas de faire un cours d'histoire naturelle, mais de relever les singularités que présentent certains animaux, nous ne nous occuperons, en parlant des singes, que des espèces qui offrent le plus d'analogies avec l'espèce humaine.

Ces analogies sont si nombreuses, que plusieurs zoologistes, entre autres Bory de Saint-Vincent et Darwin, n'hésitent pas à placer le singe dans la même subdivision zoologique que l'homme dont il ne diffère que par la peau et la forme de la main.

Il est certain, par exemple, qu'il y a moins de différence, au point de vue de l'intelligence, entre l'orang-outang, par exemple, et le dernier des sauvages qu'entre celui-ci et un membre de l'Institut. Pourtant nos immortels ne sont pas tous de cet avis, et du nombre était M. Flourens, tout récemment enlevé à la science.

En effet, la mesure de l'angle facial de certaines espèces de singes se rapproche beaucoup de celle de l'homme, et le cerveau de ces animaux, très-volumineux, présentant des circonvolutions très-nombreuses et très-compliquées, ne le cède en volume qu'à celui de l'homme, et est beaucoup plus développé que chez les autres mammifères, comparativement au volume du corps.

D'autre part, les singes, principalement ceux des grandes espèces, ont un grand penchant pour les individus de l'espèce humaine d'un sexe autre que le leur. Plusieurs voyageurs ont rapporté, avec des détails circonstanciés, des histoires de négresses enlevées par des singes qui les transportaient dans leurs retraites au milieu des forêts. Enfin, chez les femelles surtout, on a pu quelquefois observer le sentiment de la pudeur, sentiment inconnu à tous les autres animaux, sauf à l'éléphant, s'il faut en croire Méry.

Quoi qu'il en soit, cette grave question reste encore controversée, et ce n'est point à nous qu'il appartient de la trancher. Que nous descendions ou non des singes, il n'en est pas moins vrai que ce sont ceux de tous les animaux dont la conformation se rapproche le plus de la nôtre et dont l'intelligence se rapproche le plus de cet animal, qui, dans un jour d'orgueil, s'est intitulé le roi de la création.

C'est à ce titre que nous donnerons au singe le pas sur toutes les autres espèces d'animaux, et son organisation physique n'offrant, en dehors des réflexions qui précèdent, aucune particularité curieuse, nous nous occuperons surtout de ses mœurs et de ses habitudes.

Commençons par l'orang-outang — en malais, *homme des bois* — qui, de tous les animaux, est, selon toute apparence, celui qui a le plus d'intelligence. On le trouve exclusivement aujourd'hui dans les îles de la Sonde.

Un de ces singes, âgé de quinze ou seize mois, et dont Cuvier a étudié les habitudes, se montrait éminemment sociable. Il s'attachait aux personnes qui le soignaient; il aimait les caresses, donnait de véritables baisers, boudait lorsqu'on ne lui cédait pas, et témoignait sa colère par des cris en se roulant par terre.

Il se plaisait à grimper sur les arbres et à s'y tenir perché. On fit un jour semblant de vouloir monter à l'un de ces arbres pour aller l'y prendre; mais aussitôt il se mit à secouer l'arbre de toutes ses forces pour effrayer la personne qui s'approchait; cette personne s'éloigna, et il s'arrêta; elle se rapprocha, et il se mit de nouveau à secouer l'arbre. « De quelque manière, dit Cuvier, que l'on envisage l'action qui vient d'être rapportée, il ne sera guère possible de n'y pas voir le résultat d'une combinaison d'idées, et de ne pas reconnaître, dans l'animal qui en est capable, la faculté de généraliser. » En effet, l'orang-outang concluait évidemment ceci de lui aux autres; plus d'une fois l'agitation violente des corps sur lesquels il s'était trouvé placé l'avait effrayé; il concluait donc de la crainte qu'il avait éprouvée à la crainte qu'éprouveraient les autres, en d'autres termes, d'une circonstance particulière il se faisait une loi générale. Pour ouvrir la porte de la pièce dans laquelle on le tenait, il était obligé, vu sa petite taille, — deux pieds et demi environ, — de monter sur une chaise placée sur cette porte. On eut l'idée d'éloigner cette chaise, l'orang-outang fut en chercher une autre, qu'il mit à la place de la première et sur laquelle il monta de même pour ouvrir la porte. Enfin, lorsqu'on refusait à cet orang-outang ce qu'il désirait vivement, comme il n'osait s'en prendre à la personne qui ne lui cédait pas, il s'en prenait à lui-même et se frappait la tête contre la terre : il se faisait du mal pour inspirer plus d'intérêt et de compassion. C'est ce que fait l'homme lui-même lorsqu'il est enfant, et ce qu'aucun animal ne fait, si l'on excepte l'orang-outang, et l'orang-outang seul entre tous les autres.

On se rappelle ce qu'a dit Buffon de l'orang-outang qu'il avait observé. « J'ai vu cet animal présenter sa main pour reconduire les gens qui venaient le visiter, se promener gravement avec eux et comme de compagnie; je l'ai vu s'asseoir à table, déployer sa serviette, s'en essuyer les lèvres, se servir de la cuiller et de la fourchette pour porter à sa bouche, verser lui-même sa boisson dans un verre, le choquer lorsqu'il y était invité, aller prendre une tasse et une soucoupe, l'apporter sur la table, y mettre du sucre, y verser du thé, le laisser refroidir pour le boire, et tout cela, sans autre instigation que les signes ou la parole de son maître, et souvent de lui-même. Il ne faisait de mal à personne , s'approchait même avec circonspection, et se présentait comme pour demander des caresses. »

« Nous avions, dit M. Flourens, un jeune orang-outang au Jardin des Plantes, qui faisait toutes ces choses. Il était fort doux, aimait singulièrement les caresses, particulièrement celles des petits enfants, jouait avec eux et cherchait à imiter tout ce qu'on faisait devant lui. »

« Il savait très-bien prendre la clef de la chambre où on l'avait mis, l'enfoncer dans la serrure, ouvrir la porte. On mettait quelquefois cette clef sur la cheminée, il grimpait alors sur la cheminée au moyen d'une corde suspendue au plancher et qui lui servait ordinairement pour se balancer. On fit un nœud à cette corde pour la rendre plus courte, il défit aussitôt ce nœud. »

« Comme celui dont parle Buffon, il n'avait ni l'impatience, ni la pétulance des autres singes son air était triste, sa démarche grave, ses mouvements mesurés. »

« Je fus un jour le visiter avec un illustre vieillard, observateur fin et profond. Un costume un peu singulier, une démarche lente et débile, un corps voûté, fixèrent dès notre arrivée l'attention du jeune animal. Il se prêta avec complaisance à tout ce qu'on exigea de lui, l'œil toujours attaché sur l'objet de sa curiosité. Nous allions nous retirer, lorsqu'il s'approcha de son nouveau visiteur, prit, avec douceur et malice, la canne qu'il tenait à la main, et feignant de s'appuyer dessus, courbant son dos, ralentissant son pas, il fit ainsi le tour de la pièce où nous étions, imitant la pose et la marche de mon ami. Il rapporta ensuite la canne de lui-même, et nous le quittâmes convaincus que lui aussi savait observer. »

Après l'orang-outang, le singe qui se rapproche le plus de notre espèce est le chimpanzé de la côte occidentale d'Afrique. Quelques naturalistes donnent au contraire le pas à ce dernier sur son congénère. Linnée, entre autres, dans la première édition du *systema naturæ*, en avait fait une espèce du genre *homo*, sous la dénomination de *homo-syl-*

vestris ou troglodyte. On ne trouve le chimpanzé que dans les forêts du Congo et de la Guinée.

« Dans son jeune âge, dit M. Ernest Menault, il est remarquable par la douceur et la facilité avec laquelle il s'apprivoise; mais à mesure qu'il vieillit, il perd la plupart de ses bonnes dispositions qui sont remplacées, au contraire, par des instincts plus farouches. »

Ce fait s'explique par ce phénomène que chez les grands singes le cerveau cesse de croître dans la période de la jeunesse, à l'époque où l'animal fait sa seconde dentition. De sorte que si l'on compare le cerveau de trois gorilles, par exemple, l'un jeune, l'autre adulte et le troisième déjà vieux, ces organes seront d'un volume égal.

Jeunes, les chimpanzés sont susceptibles d'une éducation assez complète : ils apprennent à se tenir à table, mieux que certains enfants; ils mangent de tous les mets et surtout des sucreries, et s'habituent volontiers aux liqueurs fortes.

Un des signes de la supériorité de l'homme sur les animaux c'est d'ajouter à sa force naturelle par l'emploi de forces étrangères. A ce titre, le chimpanzé se rapproche encore de l'homme et attaque fort bien les autres animaux à coups de pierre ou de bâton.

En outre le chimpanzé, comme le sauvage, aime les couleurs voyantes et se lève à l'approche d'une femme dont le costume a des nuances vives.

Le capitaine Payne, décrit comme il suit les mœurs d'un individu qu'il avait pris sur les bords de la Gambie et qu'il ramenait à Londres en 1831 :

« Quand cet animal vint à bord, dit-il, il donna des poignées de main à quelques-uns des matelots, mais il refusa cette marque de confiance et même avec colère à quelques autres sans aucune raison apparente. Bientôt cependant, il devint familier avec tout l'équipage à l'exception d'un jeune mousse, avec lequel il ne voulut jamais se réconcilier. Lorsque le repas des matelots était apporté sur le pont, il se tenait toujours en observation, faisait le tour de la table et embrassait chaque convive, en poussant des cris, puis il s'asseyait parmi eux pour partager la nourriture. Il exprimait quelquefois sa colère par une sorte d'aboiement qui ressemblait à celui d'un chien ; d'autres fois il criait comme un enfant chagrin et s'égratignait lui-même avec violence. Lorsqu'on lui donnait un bon morceau, surtout des sucreries, il exprimait sa satisfaction par un son comme hein ! accentué sur un ton grave. La variété des notes de son langage ne semblait d'ailleurs pas très-étendue. Dans ces latitudes chaudes, il se montrait gai et actif; mais la langueur s'empara de lui lorsque nous quittâmes la zone torride. En approchant de nos rivages, il manifesta le désir de s'envelopper dans des couvertures chaudes. Généralement, il marchait sur ses quatre membres, mais il ne plaçait jamais la paume des mains de devant sur le sol. Fermant ses poings, il s'appuyait alors sur les jointures des doigts. Il affectait rarement la posture verticale quoiqu'il pût courir avec agilité sur ses deux pieds de derrière à une courte distance. Il apprit aisément à manger avec une cuiller et à boire dans un verre. Dans notre société il montra une grande disposition à imiter les actes de l'homme. »

QUADRUPÈDES CARNASSIERS

CHAPITRE III.

QUADRUPÈDES CARNASSIERS.

Le Chien, le Loup, le Renard, la Hyène.

Après le singe, les quadrupèdes, dit M. Ernest Menault, sont de tous les animaux les plus capables de nous comprendre, non pas seulement à cause de leur organisation, mais parce qu'ils sont plus susceptibles d'être domestiqués. L'oiseau garde déjà moins de rapports avec nous ; car quelque familiarité, quelque intelligence qu'on suppose au perroquet, au serin apprivoisé, la qualité du chien, du castor, de l'éléphant, l'emporteront toujours. Plus un animal bien organisé approche de nous, plus il peut nous comprendre, plus nous pouvons développer son intelligence ; cela est surtout vrai pour les mammifères.

« Si je me suis bien expliqué, dit Buffon, on doit avoir vu que, loin de tout ôter aux animaux, je leur accorde tout, à l'exception de la pensée et de la réflexion : ils ont le sentiment, ils l'ont même à un plus haut degré que nous ne l'avons ; ils ont aussi la conscience de leur existence actuelle, mais il n'ont pas celle de leur existence passée, ils ont des sensations, mais il leur manque la faculté de les comparer, c'est-à-dire la puissance qui produit les idées ; car les idées ne sont que des sensations comparées, ou, pour mieux dire, des associations de sensations. »

Buffon semble cependant abandonner une partie de son système dans son admirable tableau du chien, qu'il convient de citer presque en entier.

« Le chien, dit-il, fidèle à l'homme, conservera toujours une portion de l'empire, un degré de supériorité sur les autres animaux; il leur commande, il règne lui-même à la tête d'un troupeau il s'y fait mieux entendre que la voix du berger, la sûreté, l'ordre et la discipline sont le fruit de sa vigilance et de son activité; c'est un peuple qui lui est soumis, qu'il conduit, qu'il protége, et contre lequel il n'emploie jamais la force que pour y maintenir la paix. Mais c'est surtout à la guerre, c'est contre les animaux ennemis ou indépendants, qu'éclate son courage, et que son intelligence se déploie tout entière. »

Les talents naturels se réunissent ici aux qualités acquises. Dès que le son du cor ou la voix du chasseur a donné le signal d'une guerre prochaine, brûlant d'une ardeur nouvelle, le chien marque sa joie par les plus vifs transports. Marchant ensuite en silence, il cherche à reconnaître le pays, à découvrir, à surprendre l'ennemi dans son fort; il recherche les traces, il les suit pas à pas, et par des accents différents indique le temps, la distance, l'espèce et même l'âge de celui qu'il poursuit. »

« Le chien, indépendamment de la beauté de sa forme, de la vivacité, de la force, de la légèreté, a par excellence, toutes les qualités intérieures qui peuvent lui attirer les regards de l'homme. Un naturel ardent, colère, même féroce et sanguinaire, rend le chien sauvage, redoutable à tous les animaux, et cède, dans le chien domestique, aux sentiments les plus doux, au plaisir de s'attacher et au désir de plaire; il vient en rampant mettre aux pieds de son maître son courage, sa force, ses talents; il attend ses ordres pour en faire usage; il le consulte, il l'interroge, il le supplie ; un coup d'œil suffit, il entend les lignes de la volonté ; sans avoir, comme l'homme, la lumière de la pensée, il a toute la chaleur du sentiment, il a de plus que lui la fidélité, la constance dans ses affections ; nulle ambition, nul intérêt, nul désir de vengeance, nulle crainte que celle de déplaire ; il est tout zélé, tout ardeur et tout obéissance ; plus sensible au souvenir des bienfaits qu'à celui des outrages, il ne se rebute pas par les mauvais traitements ; il les subit, les oublie, ou ne s'en souvient que pour s'attacher davantage ; loin de s'irriter ou de fuir, il s'expose de lui-même à de nouvelles épreuves ; il lèche cette main, instrument de douleur qui vient de le frapper ; il ne lui oppose que la plainte et la désarme enfin par la patience et la soumission. »

La tendresse que le chien porte à son maître, ointe à son intelligence naturelle, en fait de tous les animaux domestiques, celui qui doit être le plus cher à l'homme ; et c'est la force des sentiments affectifs qui développe son entendement. Aussi un naturaliste distingué a-t-il pu dire avec raison : tout peut être utilisé dans l'esprit du chien, parce que tout est bon dans son cœur.

Bien que n'étant pas doués de la parole, les chiens comprennent parfaitement la plus grande partie des conversations qui se tiennent autour d'eux, lorsqu'elles ont trait à des questions qui peuvent les intéresser.

A ce propos, Gall, le célèbre phrénologiste, possédait un chien qu'il emmena d'Allemagne, lorsqu'il vint habiter Paris. Dans les premiers temps, le pauvre animal parut étonné et tout triste de ne plus rien comprendre à la conversation. Peu à peu, cependant, il apprit le français et comprit aussi bien cette langue que celle dans laquelle il avait été élevé. « Je m'en suis assuré, affirmait

Gall, en disant devant lui des périodes en allemand et en français, »

On a souvent répété qu'il ne manque au chien que la parole; cependant, s'il faut en croire Leibnitz, le célèbre auteur aurait rencontré, en Saxe, un chien qui prononçait assez intelligiblement de la *Théodicée* une vingtaine de mots.

Adrien Léonard, auteur d'un ouvrage sur l'éducation des animaux, a étudié l'intelligence des chiens relativement à la conformation de leur crâne, et il est arrivé à établir les trois classes suivantes :

1° Dans la première classe, il range les chiens à front large, à tête renflée aux temps, de manière à faire préjuger un grand développement du cerveau et des sinus. Tels sont les épagneuls, les barbets, les chiens courants, les bassets et les braques; tous ces chiens ont les oreilles tombantes.

2° La deuxième classe comprend les mâtins et les lévriers, doués de moins d'intelligence, et d'odorat est moins développé; leur front est étroit, leurs tempes rapprochées, leur museau allongé, leurs oreilles sont à demi pendantes.

3° Dans la troisième classe sont les chiens à museau raccourci, à crâne court en remontant; leur intelligence est peu développée : telles sont les différentes variétés de dogues et de doguins.

Adrien Léonard affirme, d'après ses propres expériences, que les chiens chez lesquels il lui a été le plus facile de développer l'intellignce, sont les braques, dont les yeux sont plus expressifs, les mouvements plus vifs sans brusquerie, et les allures plus gracieuses et plus fermes.

Cette classification présente pour nous de nombreuses exceptions; car nous avons vu des lévriers et des kingscharles doués d'une intelligence peu commune.

M. Émile de Tarade, auteur d'un volume sur l'éducation intellectuelle du chien, est convaincu que par une éducation bien entendue on arriverait à faire savoir au chien la valeur des mots et leur application aux différents objets usuels. Un chien suffisamment exercé doit connaître les lettres, les chiffres, les couleurs, les meubles, et il doit être fixé sur la valeur des prépositions dessus, dessous, devant, derrière, à côté. Il doit savoir comparer.

L'histoire, les livres de chasse, les recueils spéciaux sont remplis de faits qui attestent l'intelligence des chiens.

Montaigne à propos de l'affection, de l'affection du chien pour son maître, rapporte dans les *Essais* l'histoire d'Hyrcanus, le chien du roi Lysimachus. « Son maître mort, il demeura obstiné sur son lict sans vouloir boire ni manger, et le jour qu'on en brusla son corps, il prinst sa course et se jesta dans le feu où il fust bruslé. Comme fist aussi le chien d'un nommé Pyrrhus, car il ne bougea pas de dessus le lict de son maître depuis qu'il fut mort, et quand on l'emporta il se laissa enlever quant et luy et finalement se lança dans le buscher où on bruslait le corps de son maître. »

Il y a quelques années, dit le docteur Franklin, un policeman avait été tué à Kingstown dans des circonstances mystérieuses. La justice informait. Un petit chien actif et fureteur, appartenant à la race de l'épagneul, rôdait chaque jour autour de la chambre de la victime, entrait, sortait et semblait prendre à l'enquête des magistrats un intérêt tout personnel, on admira la conduite de l'animal, et un des juges d'instruction demanda à l'un des agents de la sûreté publique : « A qui appartient ce chien ? — Oh ! répondit l'agent, ne le connaissez-vous point ? J'aurais cru que tout le monde connaissait Peeler, le chien de la police. » Voici quelle était l'histoire de cet épagneul.

Il y a quelques années, le pauvre petit Peeler avait tenté l'appétit d'un énorme chien du mont Saint-Bernard ou d'un terre-neuve, le géant, on pourrait dire l'ogre de sa race. Le malheureux épagneul courait grand risque d'être dévoré et de servir de déjeuner à sa majesté canine, le Gargantua des neiges, lorsqu'un policeman intervint et, d'un coup de son bâton, abaissa le fort et releva le faible. Depuis ce temps là Peeler a conçu une reconnaissance sans limite pour les hommes de police. Où ils vont, il va, ou, pour mieux dire, il suit. Il monte la garde avec eux et charme par sa présence l'ennui des longues factions — ou bien encore, il aide ses amis à arrêter les perturbateurs du repos public. Peeler s'est constituée lui-même inspecteur de police en chef; il va d'une station à une autre, et quand il a visité un district de la ville, il continue sa ronde dans les quartiers voisins. On le voit souvent entrer au chemin de fer de Kingstown, monter dans un wagon de première classe et se rendre à Black-Rock. Là il visite la station de police, continue son tour d'inspection jusqu'à Boastertown, attend le passage du convoi et se rend ailleurs pour observer les habitants. S'étant assuré par ses propres yeux que tout est en ordre, il retourne par un autre train du soir à Kingstown.

De même que Peeler a ses attachements, il a ses antipathies. Il existe surtout un homme pour lequel il éprouve une répugnance extrême; un jour qu'il le rencontra dans un wagon, il descendit et attendit le train suivant, préférant souffrir un retard d'une demi-heure plutôt que de souffrir une pareille compagnie.

Sa partialité pour les hommes de police est extraordinaire — remarquez qu'il s'agit d'un chien anglais. — Toutes les fois qu'il rencontre un homme en habit de constable, il exprime sa joie en dansant et en marchant à côté de lui. Il devine même quelques-uns de ses amis et les aborde jusque sous l'habit bourgeois.

Mais il faut pour cela que ce soient de vieilles connaissances. Ainsi recherchés par l'animal dévoué, les gardiens de la ville de Londres ne le traitent pas avec moins de courtoisie. Partout où va Peeler, il reçoit d'un côté une croûte de pain, une petite tape d'amitié sur la tête, une caresse sur le dos; Peeler aime les policemen durant leur vie, il ne les oublie pas après leur mort. On le vit dernièrement assister au convoi de Daly, le policeman qui fut tué à Kingstown.

Les chiens français ne sont pas moins intelligents que leurs congénères d'outre-Manche.

Nous n'en voudrions pour preuve que celui qui après avoir vu des mendiants sonner à la porte d'un couvent et recevoir des vivres, se mit également à tirer le cordon pour obtenir une portion.

Et cet autre qui, guéri d'une fracture à la patte par un chirurgien, amène à ce dernier quelque temps après un autre chien qui avait aussi la patte cassée.

Le trait suivant rapporté par M. E. Menault, indique chez le chien qui en fut l'auteur une bien rare sagacité.

On sait que les Anglais sortent rarement sans être peignés, brossés, cirés avec un soin extrême. Un d'eux, étant venu à Paris, passait sur un des ponts de la Seine lorsque ses bottes, qui étaient parfaitement cirées, se trouvèrent injurieusement salies par un caniche. L'animal avait frotté ses pattes sur les pieds de l'Anglais.

Celui-ci s'avança en conséquence vers un homme qui stationnait sur le pont avec une boîte et fit réparer l'outrage qu'avait subi sa chaussure.

La même aventure se renouvela le lendemain et les jours suivants. Pour le coup, la curiosité de l'Anglais fut excitée, et cette fois il aborda attentivement le chien. Il le vit alors se diriger vers la Seine, tremper ses pattes dans la boue que la rivière dépose sur ses bords, puis remonter sur le pont, attendre là une personne bien propre, bien chaussée, bien cirée, sur les souliers desquels il pût s'essuyer.

Découvrant alors que le décrotteur était le propriétaire du chien, le gentleman l'interrogea finement. Après quelques moments d'hésitation, l'homme avoua qu'il avait dressé son chien à cet exercice, afin de se procurer des pratiques.

« Ah! monsieur, ajouta-t-il, le commerce va si mal!... »

Le gentleman, frappé de la sagacité du chien, l'acheta et l'emmena à Londres. Le nouveau maître, après avoir tenu l'animal quelque temps à l'attache, le laissa courir ; le chien demeura librement avec lui un ou deux jours, puis s'échappa. Deux semaines après, on le trouva avec son premier maître, se livrant à son ancien métier sur un des ponts de Paris.

Le *Bulletin* de la société protectrice des animaux, riche en faits de cette nature, cite le trait suivant d'un chien de Terre-Neuve.

Un individu que, pour son honneur, il vaut mieux ne pas nommer, avait un vieux chien de Terre-Neuve dont il voulut se défaire par économie, dans l'année où la gent caniche fut frappée d'un impôt.

Cet homme, en vue d'exécuter son méchant dessein, mène son vieux serviteur au bord de la Seine, lui attache les pattes avec une ficelle et le fait rouler de la berge dans le courant.

Le chien, en se débattant, parvient à rompre ses liens, et voilà qu'il remonte à grand'peine et tout haletant sur la rive escarpée du fleuve.

Ici même, son indigne maître l'attendait, un bâton à la main.

Il repousse l'animal, le frappe avec violence ; mais il perd l'équilibre dans cet effort et tombe à la rivière. Il était perdu sans ressource si son chien n'eût été qu'un homme comme lui.

Mais le terre-neuvien, fidèle au mandat que les chiens de son espèce ont reçu, et qu'on nomme instinct pour se dispenser de la reconnaissance, oublie en une seconde le traitement qu'il vient de recevoir, et il s'élance dans les eaux mêmes qui avaient failli l'engloutir, pour arracher son bourreau à la mort.

Il y parvint non sans peine.

Et tous deux retournent au logis : l'un humblement joyeux d'avoir accompli sa bonne œuvre et obtenu sa grâce, l'autre désarmé, repentant peut-être.

On pourrait écrire des volumes sur l'intelligence des chiens, mais il faut se borner. Je me contenterai de citer encore deux traits dont les héros m'ont appartenu.

Je me rendais un jour de la place de la Bourse à la rue des Martyrs où je demeurais alors, avec une belle chienne écossaise que nous possédions depuis plusieurs années.

Arrivé dans le passage Jouffroy, je cherche ma montre pour comparer l'heure avec celle de l'horloge du passage. Plus rien, la chaîne pendait sans son appendice ordinaire.

Contrarié de cette perte, je me retourne pour appeler ma chienne ; elle avait également disparu. Un malheur n'arrive jamais seul, me dis-je en moi-même.

Peu consolé pourtant par cet axiome, je reprends le chemin que j'avais parcouru dans le faible espoir de retrouver soit ma montre soit ma chienne.

A l'angle du passage des Panoramas et de la galerie des Variétés, j'aperçois un rassemblement autour de la pauvre bête, couchée par terre et montrant les dents à quiconque faisait mine de l'approcher.

Etonné de cette mauvaise humeur d'une bête fort douce d'ordinaire, je m'approche, elle se lève aussitôt à mon aspect, et qu'aperçois-je sous elle? ma montre qu'elle avait vu tomber et sur laquelle elle s'était couchée, pensant bien que je reviendrais la chercher.

Qu'on me dise après cela que les bêtes n'ont point d'esprit.

Si l'on conservait le moindre doute, il disparaîtrait après avoir lu le trait qui suit :

Cette fois c'était un lévrier que j'avais, de l'espèce appelée levron, qui tient le milieu entre la petite levrette et le grand lévrier. Contre l'opinion commune qui veut que les lévriers soient bêtes, celui-là était plein d'esprit, mais orné d'une foule de vices, qui sont l'apanage des gens de qualité : sensuel, gourmand et voleur.

Un jour nous donnions un dîner à quelques amis, et sur le buffet s'étalaient quelques assiettes de dessert, entre autres de petits gâteaux dont il était très-friand.

Dans un moment où la conversation semblait très-animée, je vois mon lévrier, que je ne perdais pas de l'œil, se diriger vers le buffet, en tapinois, se dresser sur ses pattes, flairer une assiette de massepains, puis tourner la tête pour voir si on ne l'observait pas.

Nos regards se rencontrèrent; prenant aussitôt l'air le plus innocent du monde, mon lévrier feint de sauter après une mouche, puis, jugeant bien que je n'étais pas dupe de ce manége, s'enfuit en rampant jusqu'à la cuisine, d'où l'on ne put le faire sortir de la soirée.

Georges Leroy, qui a fait une étude approfondie des facultés intellectuelles des carnassiers, s'exprime ainsi sur celles du loup et du renard :

Ce n'est pas, dit-il, uniquement à la finesse de leurs sens que les animaux doivent la mesure de leur intelligence. Ce sont les intérêts vifs, comme les difficultés à vaincre et les périls à éviter, qui tiennent sans cesse en exercice la faculté de sentir, et impriment dans la mémoire de l'animal des faits multipliés dont l'ensemble constitue la science qui doit présider à sa conduite.

Ainsi, dans les lieux éloignés de toute habitation, et où, en même temps, le gibier est abondant, la vie des bêtes carnassières est bornée à un petit nombre d'actes simples et assez uniformes. Elles passent successivement d'une rapine aisée au sommeil.

Mais lorsque la concurrence de l'homme met obstacle à la satisfaction de leurs appétits, lorsque cette rivalité de proie prépare des précipices sous les pas des animaux, sème leur route d'embûches de toute espèce et les tient éveillés par une crainte continuelle, alors un intérêt puissant les force à l'attention, la mémoire se charge de tous les faits relatifs à cet objet, et les circonstances analogues ne se présentent pas sans les rappeler vivement.

Ces obstacles multipliés donnent à l'animal deux manières d'être qu'il est bon de considérer à part. L'une est purement naturelle, très-simple, bornée à un petit nombre de sensations; telle est peut-être, à certains égards, la vie de l'homme sauvage. L'autre est factice, beaucoup plus active et pleine d'intérêts, de craintes et de mouvements qui représentent, en quelque sorte, les agitations de l'homme civilisé. La première est plus également la même dans toutes les espèces carnassières. L'autre varie davantage et d'une espèce à l'autre, en raison de l'organisation plus ou moins heureuse.

Les animaux les plus féroces parmi les carnassiers, ceux qui sont le plus abrutis et paraissent le moins susceptibles de domestication, ont encore des sentiments affectifs dont ils donnent des preuves étonnantes.

Témoin cette hyène dont parlait tout récemment un journal de Lyon :

La ménagerie du parc de la Tête-d'Or, un des principaux ornements de cette ville, possède une hyène rayée, plus féroce que ne le sont d'ordinaire ces carnassiers, dont la lâcheté est proverbiale. Elle s'évada de sa cage, il y a deux ans, et fut assez difficile à reprendre, car elle n'hésitait pas à faire tête, en hérissant sa crinière et en découvrant ses crocs formidables, contre ceux qui voulaient s'emparer de sa personne. Un des employés du parc dut, pour s'en rendre maître, monter à cheval et lui lancer au cou un nœud coulant, à l'instar du lasso des Mexicains.

Malgré son caractère farouche, cette hyène s'affectionna très-vivement à une chienne griffonne qu'on avait placée dans sa cage, et, comme il arrive d'ordinaire dans les cas où les sentiments affectueux, chez les carnassiers en captivité, l'emportent sur l'instinct sanguinaire, la chienne ne tarda pas à devenir la maîtresse du logis et à soumettre l'hyène à ses caprices égoïstes et à son humeur acariâtre.

Cette chienne est morte il y a quelques jours. L'hyène entoura son agonie des soins les plus affectueux, la réchauffant entre ses pattes et la léchant avec tendresse. Depuis vingt-quatre heures déjà, la chienne avait cessé de donner signe de vie, et l'animal féroce continuait à se presser contre sa dépouille, blotti dans le coin le plus obscur de sa cellule. Craignant que la décomposition de ce cadavre n'infectât l'air, on se décida à l'enlever à l'affection posthume de l'hyène, et au moyen d'un croc on le tira hors de la cage.

On s'aperçut alors que l'amitié du carnassier pour son défunt compagnon de captivité avait pris un caractère d'intimité tel, que la séparation était complétement impossible. L'hyène avai mangé sa bonne amie, sans doute pour que, désormais, elle reposât aussi près que possible de son cœur, et ce que le croc ramena au dehors n'était que la peau à longs poils de la chienne, aussi soigneusement écorchée que si elle avait passé par les mains d'un naturaliste.

PACHYDERMES

CHAPITRE IV.

LES PACHYDERMES.

L'Éléphant.

« L'éléphant une fois dompté, dit Buffon, devient le plus doux, le plus obéissant de tous les animaux ; il s'attache à celui qui le soigne, il le caresse, le prévient et semble deviner tout ce qui peut lui plaire ; en peu de temps il vient à comprendre les signes et même à entendre l'expression des sons ; il distingue le ton impératif, celui de la colère ou de la satisfaction, *et il agit en con-*

séquence. Il ne se trompe point à la parole de son maître; il reçoit ses ordres avec attention, les exécute avec prudence, avec empressement sans précipitation car ses mouvements sont toujours mesurés.

« Quoique l'éléphant ait plus de mémoire et *plus d'intelligence* qu'aucun des animaux, il a cependant le cerveau plus petit que la plupart d'entre eux relativement au volume de son corps, ce que je ne rapporte que comme une preuve particulière que le cerveau n'est point le siége de sensation, le sensorium commun, lequel réside, au contraire, dans les nerfs des sens et dans les membranes de la tête. Aussi les nerfs qui s'étendent dans la trompe de l'éléphant sont en si grande quantité, qu'ils équivalent pour le nombre à tous ceux qui se distribuent dans le reste du corps.

« C'est donc en vertu de cette combinaison singulière des sens et des facultés uniques de la trompe, que cet animal est supérieur aux autres par l'intelligence malgré l'énormité de sa masse, malgré la disproportion de sa forme, car l'éléphant est en même temps *un miracle d'intelligence* et un monstre de matière. »

« L'éléphant, dit M. Ernest Menault, a l'oreille parfaitement organisée, l'ouie excessivement fine. Il aime la musique, il apprend aisément à marquer la mesure, à se remuer en cadence et à joindre à propos quelques accents au bruit des tambours. Son odorat est exquis et il aime avec passion les parfums de toute espèce et surtout les fleurs odrorantes; il les choisit, il les cueille une à une, en fait des bouquets, et, après en avoir savouré l'odeur, il les porte à sa bouche et semble les goûter.

Le toucher, dont le siége principal est dans sa trompe, est très-délicat. Il peut apprendre à tracer à l'aide de cette sorte de main des caractères réguliers, elle peut palper en gros et toucher en détail. Le toucher est si près de l'odorat, que ces deux sens se prêtent un mutuel concours. L'éléphant a le nez dans la main.

Le docteur Franklin, — lisez Alphonse Esquiros — rapporte qu'il a vu dans l'Inde la femme d'un mahodu, confier la garde d'un très-jeune enfant à une de ces gigantesques créatures. Je me suis fort diverti, dit-il, à considérer la sagacité et les soins délicats que prodiguait à son marmot cette pesante bonne d'enfant en l'absence de la mère, occupée ailleurs.

L'éléphant avait pris sa charge au sérieux. L'enfant qui, comme beaucoup d'autres enfants, n'aimait point à rester longtemps dans la même position et qui voulait qu'on s'occupât de lui, se mettait à crier dès qu'il se sentait abandonné à lui-même. Il arrivait même qu'il s'embarrassât dans les jambes de l'animal ou dans les branches d'arbre dont ce dernier se nourrissait.

L'éléphant alors le dégageait avec une adresse admirable, soit en le soulevant avec sa trompe, soit en écartant les obstacles qui pouvaient gêner les mouvements du bambin. Si, par hasard, l'enfant avait atteint en se traînant une distance qui dépassât le cercle d'action de l'animal (car la pauvre bête était enchaînée par le pied), l'éléphant allongeait sa trompe et ramenait l'enfant avec autant d'adresse que de douceur au point d'où notre petit turbulent s'était écarté. La docilité de l'animal aux ordres du maître n'était égalée que par sa bienveillance envers l'enfant. »

Dans l'Inde, suivant M. Thomas Anquetil, ce sont les éléphants qui charrient le bois de *teck*, de l'endroit où il a été abattu dans la forêt et sur les collines jusqu'à celui où on l'assemble en trains flottés, au bord des rivières, deux points souvent éloignés de plusieurs lieues l'un de l'autre. Bien mieux, l'éléphant dressé à cette besogne la continue seul, même en l'absence de son cornac. Celui-ci le mène à la forêt, le met à l'ouvrage, et ne s'occupe plus de lui. Le pachyderme, parvenu au bord de la rivière avec son fardeau, détache à l'aide de sa trompe le crochet d'attelle, s'en retourne à la forêt, fixe de nouveau le crochet aux lianes ou harts dont les troncs destinés à être transportés ont été garnis préalablement, puis il repart pour la plage, et ainsi de suite, sans qu'il lui arrive de se tromper, de ralentir le pas ou d'interrompre le travail jusqu'à ce que son gardien aille le chercher, ne s'inquiétant pas le moins du monde, durant ce long parcours, des accidents de terrains ou autres obstacles de même nature, parce qu'il est en état de les franchir aisément, grâce à sa vigueur extraordinaire.

Les éléphants qui servent de monture franchissent avec facilité les sentiers les plus escarpés ainsi que les chemins obstrués de branchages et de broussailles; les pierres ou les éclats de roche, ils les écartent de même.

Les Indiens avaient dressé cet animal à tourner des manéges; les Anglais l'emploient à faire marcher des moteurs mécaniques bien plus délicats, bien plus puissants et bien plus compliqués.

Une dame anglaise, la femme d'un ingénieur distingué, M. Waller, m'a raconté que lorsqu'elle habitait avec son mari l'île de Ceylan, elle avait vu un éléphant, réputé fort méchant, employé à la construction d'un pont, son rôle consistait à placer symétriquement d'énormes pierres au moyen de sa trompe, et il s'acquittait fort bien de cet emploi. Parfois il s'amusait à tuer son cornac indien, mais les anglais, gens pratiques, le conservaient, à cause de son habileté.

J'ai vu, de mes propres yeux, au Jardin Zoologique de Marseille, un jeune éléphant fort intelligent, à qui son gardien avait enseigné, outre un grand nombre de tours, une série de petits cris, pour demander des gâteaux et remercier les personnes qui lui donnaient des friandises.

Il était d'une extrême discrétion et n'osait toucher à la brioche que l'on tenait à la main qu'après en avoir obtenu la permission. Pourtant il lui arrivait quelquefois de dérober des petits pains dans la poche entr'ouverte de son mentor. Il témoignait alors par un cri de satisfaction sa joie de lui avoir joué ce bon tour.

RUMINANTS ET RONGEURS

CHAPITRE V.

RUMINANTS ET RONGEURS.

Le Chameau. — Le Castor, le Rat.

A tort ou à raison, l'on a donné au chameau le pas sur tous les autres ruminants pour l'intelligence. De fait, cette bête, étrange et disgracieuse, transportée hors de son milieu, du cadre que lui assigne la nature, ne se comprend bien que lorsqu'on l'a vue en Orient, où, employée comme bête de somme ou comme moyen de transport, elle rend des services immenses qu'aucun autre animal ne pourrait rendre à sa place.

Le chameau est le véhicule naturel du désert.

Cet animal, dit M. Ernest Menault, est fort docile; on le dresse dès son enfance à se baisser; à s'accroupir lorsqu'on veut le charger. Pour l'y former dès qu'il est né, on lui plie lés quatre jambes sous le ventre et on le couvre d'un tapis sur le bord duquel on met des pierres afin qu'il ne puisse pas se relever. Comme cet animal est très-haut, on l'habitue à s'affaisser dès qu'on lui touche les genoux avec une baguette, afin de pouvoir le charger plus aisément. On le laisse ainsi quelque temps sans lui permettre de têter, afin qu'il contracte de bonne heure l'habitude de boire rarement. On ne fait point porter de fardeaux aux chameaux avant l'âge de trois ou quatre ans. Et, chose curieuse, « quand ils sentent qu'ils sont assez chargés, dit Valmont de Bomare, il ne faut pas penser à leur en donner davantage; autrement ils se rebutent, donnent de la tête et se relèvent à l'instant. Enfin, si on les surcharge avec excès, ils jettent des cris lamentables.

Le chameau donne, dans la longue treversée du désert, des signes d'intelligence, des preuves de courage et de sobriété qui doivent faire oublier sa laideur.

Ainsi c'est lui qui prévoit l'arrivée du simoun. Il se couche à terre bien avant les premières rafales et fouille la terre de ses naseaux afin d'éviter que les tourbillons de sable brûlant ne le suffoquent. Son corps immense sert d'abri au chamelier.

Pendant de longs jours de marche, le chameau, qui a fait provision d'eau aux puits de la dernière station, sait se passer de boire et même de manger. Et si les voyageurs s'égarent, si, par un accident quelconque, la provision d'eau est épuisée, c'est encore dans son estomac que son maître ira chercher assez de liquide pour sauver sa vie aux dépens du pauvre animal.

Le dromadaire et le lama, qui ne sont que des modifications d'une même espèce, sont également des animaux aussi utiles qu'intelligents et faciles à domestiquer.

Il nous reste à nous occuper des rongeurs, parm lesquels nous considérons seulement deux espèces, le castor et le rat.

Le castor captif est un animal assez doux, dit Buffon, assez tranquille, assez familier, un peu triste, même un peu plaintif, sans passions violentes, sans appétits véhéments, ne se donnant que peu de mouvements, ne faisant d'effort pour quoique ce soit, cependant occupé sérieusement du désir de sa liberté, rongeant de temps en temps les portes de sa prison, mais sans fureur, sans précipitation, et dans la seule vue d'y faire une ouverture pour en sortir ; au reste, assez indifférent, ne s'attachant pas volontiers, ne cherchant pas à nuire et assez peu à plaire. Il paraît inférieur au chien, par les qualités relatives, qui pourraient l'approcher de l'homme; il ne semble fait ni fait pour obéir, ni pour commander, ni même pour commercer avec une autre espèce que la sienne; son sens, renfermé dans lui-même, ne se manifeste en entier qu'avec ses semblables; seul, il a peu d'industrie personnelle, encore moins de ruses, pas même assez de défiance pour éviter des piéges grossiers : loin d'attaquer les autres animaux, il ne sait pas même se bien défendre; il préfère la fuite au combat, quoiqu'il morde cruellement et avec acharnement lorsqu'il se trouve saisi par la main du chasseur. Si l'on considère donc cet animal dans l'état de nature, ou plutôt dans son état de solitude et de dispersion, il ne paraîtra pas, pour les qualités intérieures, au-dessus des autres animaux; il n'a pas plus d'esprit que le chien, de sens que l'éléphant, de finesse que le renard, et il est plutôt remarquable par des singularités de conformation extérieure que par la supériorité apparente de ses qualités intérieures.

Le castor se trouve surtout au Canada. On en trouve également, mais en très-petit nombre, dans la Camargue ou delta du Rhône.

C'est dans ce dernier endroit qu'avait été pris celui que Cuvier a étudié. Il fut allaité artificiellement et n'avait rien pu apprendre de ses parents, et cependant il ramassait tous les matériaux qu'il pouvait trouver et, d'instinct, commençait des constructions.

M. Ernest Menault raconte le trait suivant d'un castor qui vivait au Museum. On lui jetait dans sa loge, outre des légumes et des fruits, des branches d'arbres pour l'amuser pendant la nuit. Des froids et de la neige étant survenus, il entrelaça ces branches duns les barreaux de sa cage, absolument comme eût fait un vannier. Dans les intervalles restés à jour, il plaça la litière, les légumes, les fruits qu'il avait sous la main en bouchant autant qu'il put tous les vides. Le lendemain on trouva qu'il avait bâti un mur occupant les deux tiers de la porte et derrière lequel il s'était mis à l'abri. Il y a pourtant là autre chose que de l'instinct, il y a aussi de l'intelligence.

A propos des travaux d'architecture exécutés par différents animaux, n'est-il pas intéressant de citer une vue très-ingénieuse de Bonnet dans son *Hypothèse sur l'âme des bêtes et leur industrie*?

« Un architecte, dit ce savant observateur, ne construit un bâtiment que parce qu'il en a construit le plan. L'invention ou le dessin est le fruit de l'étude et du travail. Mais quels effets cette étude et ce travail ont-ils produits dans son cerveau? Ils ont donné à différentes fibres et à différents faisceaux de fibres des déterminations particulières et coordonnées qu'ils ont conservées, et en conséquence desquelles l'âme de l'architecte a opéré... » — « Le cerveau de l'animal ne contiendrait-il point originairement un symptôme représentatif de l'ouvrage et des moyens relatifs à l'exécution, et ce système de fibres ne le placerait-il point, à sa naissance, précisément dans le même état où une étude de plusieurs années place l'architecte? »

Toussenel, qui prétend qu'il faut détruire les rats, est peut-être un peu sévère pour cet animal, qui a son utilité dans le service de la salubrité publique.

Il y aurait un chapitre à faire sur le rat dans l'histoire de l'humanité. On y verrait ce rongeur choisi entre tous pour exécuter les sentences divines, ce qui relègue au second plan messieurs du Saint-Office.

C'est le mulot qui détruisit l'armée de Sennachérib en dévorant en une nuit toutes les cordes

des arcs et toutes les courroies des boucliers assyriens. Pline raconte dans un chapitre de son huitième livre toutes les villes qui ont été détruites par les rats. L'archevêque de Mayence, dont le nom m'échappe, fut poursuivi hors de sa tour de Bingen et noyé dans le Rhin par des légions ds rats suscitées par la colère divine. Un tel ministre des volontés du Seigneur doit-il être livré à la dent meurtrière des boules-dogues?

Le rat, bien qu'il dévore l'homme quand Dieu le lui commande, n'en vit pas moins en bonne intelligence avec lui dans certains cas. Il y a une foule d'histoires sur des prisonniers qui n'ont eu pendant des années d'autre compagnie que des rats apprivoisés, et leur intelligence, très-grande, se révèle, surtout chez le rat d'eau, dans le choix du lieu où il s'établit et dans la construction de sa demeure.

Les rats choisissent, dit M. Menault, que nous

aimons à citer, les endroits les plus élevés des terrains marécageux pour construire leurs loges, afin que les eaux puissent s'élever sans les incommoder; si leur loge est trop basse, ils l'élèvent et l'abaissent si elle est trop élevée.

Ils la disposent par gradins, pour se retirer d'étage en étage, à mesure que l'eau monte ; lorsque cette loge est destinée à sept ou huit rats, elle a environ deux pieds de diamètre en tous sens, et elle est plus grande proportionnellement lorsqu'elle en doit contenir davantage. Il y a autant d'appartements que de familles.

On sait avec quelle habileté nagent les rats. Ils traversent les rivières la nuit pour aller chercher dans les maisons et les jardins des provisions, et ils ne manquent jamais de repasser l'eau au point du jour, de peur d'être surpris.

On voit les rats s'enhardir assez pour s'approcher de leurs ennemis naturels, les cheins et les chats ; et il m'est arrivé souvent, à Marseille, de voir des rats et des chats partageant fraternellement le soir les reliefs d'un tas d'ordures.

La Fontaine a raconté la plaisante histoire des deux rats, du renard et de l'œuf; je ne sais ce qu'il y a de vrai dans cette fable charmante, mais ce qu'il y a de certain, c'est que les rats sont courageux et intelligents, et que pour quelques grains croqués ils rendent des services réels en dévorant les détritus végétaux et animaux dont la décomposition pourrait être nuisible à l'homme.

CÉTACÉS

CHAPITRE VI.

CÉTACÉS.

La Baleine, le Narwal, le Dauphin, le Cachalot.

Le plus monstrueux de ces animaux et de tous les animaux est la baleine, près de qui les éléphants sont des nains. « Quoiqu'il faille beaucoup en rabattre des anciennes exagérations, dit M. Landrin, ses dimensions réelles sont encore telles que si on en mettait une debout sur sa queue, au milieu du parvis de Notre-Dame, sa bouche atteindrait à peu près le milieu des tours. »

Nous ne donnerons point sur la structure de ce

monstre marin des détails que l'on peut trouver dans tous les ouvrages d'histoire naturelle, mais nous ferons observer cependant que les animaux dont il se nourrit étant d'un faible volume, le gosier est extrêmement étroit. Un maquereau ne pénétrerait pas facilement dans l'estomac, ce qui contredit l'histoire de Jonas et toutes celles d'hommes soi-disant avalés par des baleines.

Au reste, les baleines ont été de tout temps le prétexte des fables les plus invraisemblables, principalement au sujet de leur grandeur démesurée.

Pline affirme que la mer des Indes est peuplée de baleines qui ont plus de trois cents mètres de longueur, et Gesner, dans son traité *des Poissons*, avance que les navigateurs, trompés par ses immenses proportions, ont souvent pris ce cétacé pour une île.

Un livre juif, le *Bara-Bathra*, raconte qu'un

vaisseau navigua trois jours au-dessus d'une baleine pour aller de la tête à la queue. D'autre part, un très-ancien livre chinois, le *Tst-hiat*, parle de la baleine, — *pheg* — qui bat, lorsqu'elle s'agite, 1,389 lieues de mer. Mais le comble de l'exagération est celle d'un auteur arabe, qui prétend que le monde repose sur une baleine. En réalité, la baleine dépasse rarement 35 mètres, ce qui est déjà assez joli.

Quelques mots de statistique. Il est constant que la baleine devient de plus en plus rare. Jadis c'était par milliers que l'on détruisait ces cétacés. Ainsi, en 1697, on en prit 1,957; de 1719 à 1778, 6,986; de 1784 à 1840, les Groenlandais en prirent 858; de 1827 à 1830, les Anglais 3,391; de 1847 à 1851, on en a tué 6; de 1852 à 1854, aucune; de 1855 à 1856, 3; en 1857, on n'en vit même pas; en 1858, on en captura 4.

La pêche et le dépècement de la baleine ont

également un grand attrait de curiosité ; mais la description de ces opérations dépasserait notre cadre, et nous renvoyons nos lecteurs aux ouvrages spéciaux.

Immédiatement après la baleine, il convient de parler du narwal, un de ses plus redoutables ennemis.

Le narwal, que l'on appelle aussi licorne de mer, mesure communément 8 à 9 mètres de long. Ce qui le distingue principalement des autres cétacés est une longue dent horizontale, qui atteint parfois 2 mètres 1/2 de longueur, et passait autrefois pour la corne de l'animal fabuleux nommé licorne. Le mâle seul possède cette arme redoutable, dont, grâce à sa vitesse prodigieuse dans l'eau, il transperce les plus gros poissons et jusqu'à des bordages de navires.

Le dauphin, qui ne mesure guère plus de 3 ou 4 mètres et que l'on rencontre dans toutes les mers, a été chez les anciens l'objet des fables les plus diverses, dont nous aurons à parler plus loin.

Ce cétacé, animal carnassier et même d'une grande voracité, nage autour des navires, comme le requin, dans l'espoir de se repaître des détritus de toutes sortes qui tombent du navire.

On en compte plusieurs espèces; mais le plus commun est le dauphin vulgaire, fort commun dans la Méditerrannée, et auquel se rapportent, selon toute probabilité, les fables grecques.

Dans le *Traité de navigation* du jésuite Fournier, on lit une curieuse anecdote.

C'était au mois de septembre 1638; quinze galères françaises, sous les ordres du marquis de Pont-Courlay, se disposaient à livrer combat dans le golfe de Gênes à une flotte hispano-sicilienne. « Les ordres reçus, dit le P. Fournier, chacun prit son poste, et le capitaine des ennemis était déjà au milieu de ses quatorze galères, comme voilà que tout à coup quatre-vingts ou cent dauphins parurent sur l'eau et se rangèrent autour de la capitane de France, bondissant sur l'eau, glissant de la proue à la poupe, s'eslançant vers l'ennemy, et fesans mille passades, qui firent incontinent esclater tout l'équipage en ces voix d'allegresse : *Vive le roi! nous aurons du dauphin*, prenant cette si subite et inopinée rencontre du roi des poissons, qui se rangeait de leur partie, non seulement pour l'annonce d'une victoire prochaine, mais de plus pour le présage assuré que la reine accoucherait heureusement d'un dauphin. Et de fait quatre jours après naquit Mgr le dauphin (Louis XIV). »

Les marins tirent de la rencontre des dauphins les pronostics les plus contradictoires. Suivant les uns, ces animaux annoncent l'approche de la tempête au milieu de laquelle ils aiment à se jouer. Selon d'autres, avant-coureurs d'une bise fraîche, leur rencontre doit être considérée comme un heureux présage.

Il nous reste à parler du cachalot, le plus monstrueux des cétacés après la baleine, puisqu'on en voit de 25 et même de 30 mètres de longueur. Le cachalot se trouve dans toutes les mers, mais surtout dans la zône torride.

Ce qu'il y a de plus curieux dans ce monstre, c'est la grosseur de sa tête, qui, à elle seule, forme presque la moitié du corps de l'animal.

C'est dans la tête du cachalot que se trouve cette matière blanche, connue dans le commerce sous les noms de *spermaceti* ou *blanc de baleine*, dénominations aussi fausses l'une que l'autre, remplacées dans la science par celle d'adipocère. C'est également des déjections des cachalots que l'on tire une substance bien connue, l'ambre gris.

Ce n'est que depuis peu de temps que Swédiaur

a découvert la véritable provenance de l'ambre gris, dont l'importation se montait, en 1864, à 22955 francs et l'exportation à 120337 francs.

Frédol, dans son *Monde de la mer*, prétend que les renards sont très-friands de l'ambre gris, qu'ils viennent chercher sur les côtes de la mer. Ils le mangent et le rendent tel qu'ils l'ont avalé quant à son parfum, mais altéré dans sa couleur. C'est à ce fait qu'on attribue l'existence de quelques morceaux d'ambre blanchâtre dans les Landes aquitaniques, qu'on appelle dans le pays *ambre renardé*.

OISEAUX

CHAPITRE VII.

OISEAUX.

Leur utilité, la Chasse, le Chant, les Nids, Oiseaux étranges

Il faudrait plusieurs volumes pour parler convenablement des oiseaux, ces enfants gâtés de la nature à qui nous ne rendons pas encore toute la justice qui leur est due.

Outre la nourriture exquise et saine et le moelleux duvet que les oiseaux fournissent à l'homme, ils lui sont bien plus utiles en détruisant les insectes, les larves, les chenilles qui infectent nos cultures. « Sans eux, dit M. L. Figuier, l'agriculture serait impossible. On a longtemps accusé certains passereaux de nuire aux récoltes, et on leur a fait, en conséquence, une guerre acharnée. C'est ainsi que les pauvres moineaux ont été bien souvent proscrits, sous prétexte qu'ils ravageaient les champs nouvellement ensemencés.

« Mais on a été forcé de revenir sur ce préjugé fâcheux. On n'a pas tardé à reconnaître que l'absence des petits oiseaux livre les moissons à la formidable multitude des insectes voraces. On s'est ainsi convaincu que ces vives et joyeuses créatures, ces gamins effrontés qui voltigent dans les airs, font plus de bien que de mal aux produits de la terre. La chasse aux petits oiseaux ne doit donc s'exercer que sous le bénéfice d'observations antérieures et intelligentes.

« Ainsi quelques échassiers purgent la terre de serpents et d'autres animaux immondes et venimeux. Les vautours et les cigognes se jettent en grandes troupes sur les charognes et les immondices, et débarrassent le sol de tous les objets en putréfaction. Ainsi, de concert avec les insectes, les oiseaux assainissent la terre, ils nous préservent de maladies pestilentielles, et sont, pour ainsi dire, les gardiens de la santé publique. »

« Le faucon servait autrefois à une chasse aristocratique, privilége des grands seigneurs et des nobles dames, qui subsiste encore en Perse et dans quelques autres contrées de l'Orient. Les Persans font même avec le faucon la chasse à la gazelle. »

« En Chine et au Japon, le cormoran et le pélican servent à pêcher dans les rivières. »

« Il n'y a pas longtemps encore certains oiseaux, les pigeons, par exemple, étaient employés comme messagers rapides. »

« En Amérique on dresse l'agami pour garder

les troupeaux et il s'acquitte de ses fonctions avec autant de fidélité et d'intelligence que le chien. Le kamichi, qui appartient, comme l'agami, à l'ordre des échassiers, possède les mêmes caractères d'intelligence. Sociable et susceptible de recevoir le même genre d'éducation, il devient un auxiliaire très-utile pour l'habitant de l'Amérique du sud. »

Voici les différents ordres d'oiseaux en descendant l'échelle de perfection relative des êtres : Rapaces, Passereaux, Grimpeurs, Gallinacés, Échassiers et Palmipèdes. Il est bien entendu que cet ordre est sujet à des exceptions.

Il existe sur l'intelligence des oiseaux une très-curieuse lettre d'Arcussia, seigneur d'Esparron, qui a écrit plusieurs livres sur la fauconnerie.

Dans cette lettre, d'Arcussia rapporte d'abord quelques traits de ses oiseaux qui prouvent jusqu'à quel point ils sont capables de ruse. Après quoi il conclut ainsi : « Or, ne sont-ce pas des preuves toutes évidentes pour nous faire connaître que tels oiseaux ont quelque portion de la raison? Qu'on leur donne donc, ajoute-t-il, ce qui leur appartient, et qu'on leur trouve un autre terme plus doux qu'irraisonnable. »

Je remarque aussi cette phrase : Comment, sans l'usage de quelque raison, les oiseaux opposeraient-ils de nouvelles inventions aux inventions nouvelles que les hommes trouvent journellement pour les surprendre?

« On les voit, dit Bossuet, dans *la connaissance de Dieu et de soi-même*, éviter les périls, chercher la commodité, attaquer et se défendre aussi industrieusement qu'on le puisse imaginer, ruser même, et, ce qui est plus fin encore, prévenir les finesses... »

N'y a-t-il pas autre chose que la tendresse maternelle dans cette prévoyance de l'aigle qui porte son petit sur ses ailes, et, lorsqu'il est assez fort pour se soutenir, l'éprouve en l'abandonnant en l'air, prête à le soutenir aussitôt que les forces lui manquent?

Rien de curieux comme l'éducation donnée à leurs petits par certains oiseaux.

« A l'époque où les petits des faucons et des éperviers commencent à voler, j'ai vu plusieurs fois par jour, dit M. Dureau de la Malle, les pères et les mères revenir de la chasse, avec une souris ou un moineau dans leurs serres, planer dans la cour du Louvre, et appeler, par un cri toujours semblable, leurs petits restés dans le nid. Ceux-ci sortaient à la voix de leurs parents, et voletaient au-dessous d'eux. Les pères alors s'élevaient perpendiculairement, avertissaient leurs écoliers par un nouveau cri, et laissaient tomber de leurs serres la proie sur laquelle les jeunes oiseaux se précipitaient. Aux premières leçons, quelle que fût l'attention des pères à laisser tomber l'objet presque sur leurs petits volant à cinquante pieds au-dessous d'eux, ces apprentis maladroits manquaient presque toujours de l'attraper. Alors les pères fondaient sur la proie, et la ressaisissaient toujours avant qu'elle eût touché terre; puis ils s'élevaient de nouveau pour faire répéter la leçon, et ne laissaient manger la proie à leurs petits que lorsque ceux-ci l'avaient saisie. »

« Je puis même assurer, tant le lieu et les circonstances étaient propres à ce genre d'observation, que l'enseignement était gradué; car, une fois que les jeunes oiseaux de proie avaient appris à rattrapper dans l'air les souris mortes, les parents leur apportaient des oiseaux vivants, et répétaient la manœuvre que j'ai décrite, jusqu'à ce que leurs petits fussent capables de saisir un oiseau au vol d'une manière sûre, et par conséquent de pourvoir eux-mêmes à leur nourriture et à leur conservation. »

Les oiseaux de proie sont en général les plus intelligents de leur ordre.

La Harpie ou Aigle destructeur de l'Amérique du sud est l'espèce type du genre spizaëte. Sa taille dépasse celle de l'aigle commun, elle mesure 1 mètre 50 de l'extrémité du bec à celle de la queue; son bec a plus de six centimètres de long; les ongles des doigts médians sont plus longs et plus gros que les doigts de l'homme. Avec de telles armes la Harpie ne craint pas, dit-on, d'attaquer, non-seulement l'homme mais encore des carnassiers de haute taille capables d'apporter une défense vigoureuse. Deux ou trois coups de bec lui suffisent pour fendre le crâne de sa victime.

D'Orbigny raconte dans son *Voyage en Amérique*, que, lors d'une exploration sur les rives du Rio Securia en Bolivie, il fit la rencontre d'une Harpie de très-grande taille. Les Indiens qui l'accompagnaient, la poursuivirent, la percèrent de deux flèches et la frappèrent de coups nombreux sur la tête. Enfin la considérant comme morte, ils lui enlevèrent la plus grande partie de ses plumes et même du duvet; puis ils la placèrent dans leur canot. Quelle ne fut pas la surprise du naturaliste, lorsque l'oiseau, revenu de son étourdissement, se rua sur lui, et lui enfonçant ses ongles dans l'avant-bras, lui fit une blessure des plus dangereuses. Il fallut l'intervention des Indiens pour le débarrasser du féroce spizaëte.

La Harpie habite sur les bords des fleuves, dans les grandes forêts de l'Amérique méridionale. Sa nourriture se compose d'agoutis, de jeunes faons, de paresseux et surtout de singes.

La fauconnerie ou l'art de dresser certains animaux de proie à la chasse, qui tire son nom de l'oiseau employé avec le plus de succès à cette chasse d'un nouveau genre, la fauconnerie montre assez quelle est l'intelligence des oiseaux et le degré de domestication qu'ils sont susceptibles d'acquérir.

Le lecteur curieux de s'instruire pourra consulter avec fruit sur ce sujet la petite fauconnerie de M. Chenu, et le grand ouvrage de Schlegel sur les rapaces.

Toussenel, qui a parlé des oiseaux avec tant d'esprit et de science dans son *Ornithologie passionnelle* démontre que chez les oiseaux le chant est généralement en rapport avec l'intelligence et que partant les oiseaux les plus ingénieux sont ceux qui chantent le mieux.

« Le chant, dit-il, parfum de l'âme et langage privilégié des cœurs tendres, n'annonce pas seulement, en effet, la seconde ou la troisième édition, revue et corrigée d'un règne volatile quelconque.

Le chant est l'attribut spécial des venus de la dernière heure. Le chant des oiseaux amoureux, qui reporte pour la première fois vers le ciel les bénédictions de la terre, est un caractère signalétique de la plus importante des époques de ce globe, de celle qui vit naître Aphrodite; de celle où la créature eut pour la première fois conscience de la libéralité de son créateur et où sa reconnaissance fit explosion par le chant.

Le vulgaire s'abuse étrangement s'il s'imagine que la femelle n'a pas de voix. Le chant est dans ses dons, et si elle n'en use pas, c'est qu'elle a beaucoup mieux à faire que de chanter; c'est qu'elle a une mission plus haute et plus sainte à remplir. Mais elle a suivi dans son enfance un cours de musique vocale aussi bien que ses frères, et son goût s'est développé avec l'âge.

Il fallait bien, d'ailleurs, qu'elle fût connaisseuse en musique, pour pouvoir savourer le charme des élégies qu'on lui soupirait un jour et pour être en état de décerner le prix du chant, car l'institution du tournoi existe encore chez beaucoup d'espèces chanteuses.

Mais les femelles s'expriment parfaitement dans le langage de la passion, quand la fantaisie leur en prend ou quand la solitude les y condamne.

On a beaucoup disputé pour savoir si le chant propre à chaque espèce d'oiseau est un don inné ou une faculté acquise.

Gall à ce propos prétendait avoir isolé un rossignol du voisinage de ses pareils : « L'oiseau, dit-il, n'en chante pas moins bien pour cela. »

Il y a cependant une objection que pourront faire tous les amateurs d'oiseaux et qui détruit l'assertion de Gall : c'est qu'il est constant qu'un oiseau pris au nid ne chante jamais bien, tandis qu'un oiseau pris adulte, au filet, chante comme tous ceux de son espèce.

Des faits d'une autre nature contredisent encore la théorie de Gall :

Barrengton avait pris au nid un moineau franc, déjà couvert de plumes. Il le mit à l'école auprès d'une linotte, des leçons de laquelle profita le petit oiseau. Mais le hasard voulut que l'élève entendit un chardonneret, et son chant devint bientôt un mélange des sons de la linotte et du chardonneret.

Les oiseaux chanteurs sont nombreux : cependant il faut citer au premier rang le rossignol ; puis après lui, la fauvette à tête noire, le bulbul, le bengali, la linotte, le serin, l'alouette, le pinson, le chardonneret et le moqueur d'Amérique.

Nul n'a mieux décrit le rossignol que Guéneau de Montbeillard.

« Le rossignol, dit-il, charme toujours et ne se répète jamais ; s'il redit quelque passage, ce passage est animé d'un accent nouveau, embelli par de nouveaux agréments : il réussit dans tous les genres, il rend toutes les expressions, il saisit tous les caractères ; et de plus il sait en augmenter l'effet par les contrastes. Ce coryphée du printemps se prépare-t-il à chanter l'hymne de la nature ? Il commence par un prélude timide, par des tons faibles, presque indécis, comme s'il voulait essayer son instrument et intéresser ceux qui l'écoutent ; mais ensuite, prenant de l'assurance, il s'anime par degrés, il s'échauffe, et bientôt il déploie dans leur plénitude toutes les ressources de son incomparable organe : coups de gosier éclatants ; batteries vives et légères ; fusées de chant où la netteté est égale à la volubilité, murmure intérieur et sourd qui n'est point appréciable à l'oreille, mais très-propre à augmenter l'éclat des tons appréciables ; roulades précipitées, brillantes et rapides, articulées avec force et même avec une dureté de bon goût ; accents plaintifs cadencés avec mollesse; sons filés sans art, mais enflés avec âme; sons enchanteurs et pénétrants; vrais soupirs d'amour et de volupté qni semblent sortir du cœur et font palpiter tous les cœurs, qui causent à tout ce qui est sensible une émotion si douce, une langueur si touchante. C'est dans ces tons passionnés que l'on reconnaît le langage du sentiment qu'un amant heureux adresse à une compagne chérie, et qu'elle seule peut lui inspirer; tandis que dans d'autres phrases plus étontonnantes peut-être, mais moins expressives, on reconnaît le simple projet de l'amuser et de lui plaire, ou bien de disputer devant elle le prix du chant à des rivaux jaloux de son bonheur. »

Une des raisons pour lesquelles le chant du rossignol produit tant d'effet, c'est parce qu'il chante la nuit, où sa voix n'étant couverte par aucun autre bruit a tout son éclat. Un observateur a compté dans le chant d'un rossignol jusqu'à seize reprises différentes, bien déterminées par leurs premières et dernières notes, et dont l'oiseau sait varier avec goût les notes intermédiaires; enfin il s'est assuré que la sphère que remplit la voix d'un rossignol n'a pas moins d'un mille de diamètre, surtout lorsque l'air est calme, ce qui égale, si elle ne la dépasse, la portée de la voix humaine.

Dans la confection des nids, l'instinct des oiseaux, stimulé par l'amour, arrive à créer de véritables prodiges. Nous ne pouvons passer en revue toutes les constructions de ces petits architectes, et devons renvoyer le lecteur à la cllection de nids placée il y a quelques années dans une des salles du muséum d'histoire naturelle.

Nous parlerons cependant des spécimens les plus curieux de l'art architectural des oiseaux.

Lacépède estimait le degré d'intelligence des oiseaux d'après le soin apporté par eux à la fabrication de leur nid, et il les classait de la manière suivante :

1° Oiseaux qui ne construisent pas de nid ou s'emparent d'un nid étranger.

2° Ceux qui composent leur nid avec des matériaux grossiers réunis sans soin.

3° Ceux dont le nid est formé de matières choisies après examen, préparées avec attention et apportées de loin.

4° Ceux qui fabriquent leur nid avec des matériaux qu'ils enlacent et qu'ils tissent souvent avec une merveilleuse habileté.

5° Ceux qui mettent une recherche particulière, une sorte d'attention, de discernement à placer le nid dans la position la plus convenable, à l'extrémité d'une branche ou sous des feuilles, pour garantir les petits du danger.

6° Ceux dont le nid a une entrée étroite, un

auvent, des conduits tortueux, plusieurs compartiments.

7° Ceux qui se réunissent à d'autres couples pour construire des nids qui se touchent et qui reçoivent ainsi plusieurs ménages.

8° Ceux, enfin, qui forment des sociétés nombreuses dont les nids sont couverts d'une enveloppe commune due à un concert de volonté, de ressource et d'adresse.

Le nid du Mégapode tumulaire, dont Gould nous a donné le dessin et la coupe verticale, est une des plus curieuses constructions ornithologiques.

C'est, dit M. Pouchet, sur le sol que repose son immense construction. Il commence par y amasser une épaisse couche de feuilles, de branches et d'herbes. Ensuite, il y entasse de la terre et des pierres, et les jette tout autour, de manière à former un énorme tumulus crateriforme, concave au milieu, endroit où les matières primitivement amassées restent seulement à nu. L'un de ces nids, dont Gould a donné les dimensions exactes, avait 14 pieds de hauteur et offrait une circonférence de 150 pieds. Or, l'animal qui construit cette véritable montagne a la taille d'une perdrix.

Un nid très-rare et très-curieux est celui de la fauvette couturière. Cette jolie petite bête prend deux feuilles d'arbre très-allongées, lancéolées, et en coud exactement les bords en surget, à l'aide d'un brin d'herbe flexible en guise de fil. Après cela, la femelle remplit de coton l'espèce de petit sac que celles-ci forment, et dépose sa gentille progéniture sur ce lit moelleux, que berce doucement le plus léger souffle du vent.

Tout le monde connaît la fable antique qui donne à l'Alcyon — Martin pêcheur — la faculté de construire des nids flottants. Eh bien, ce que les auteurs de l'antiquité, et Pline entre autres, racontent de cet oiseau, se trouve réalisé et au delà par un palmipède, le grèbe castagneux.

Cet oiseau, au dire de M. Nourry, couve sa progéniture sur un véritable radeau, qui vogue à la surface de nos étangs. C'est un amas de grosses tiges d'herbes aquatiques, très-serrées ; et comme celles-ci contiennent une notable quantité d'air dans leurs amples et nombreuses cellules, et qu'en outre elles dégagent divers gaz en se putréfiant, ces fluides aériformes, emprisonnés par les plantes, rendent le nid plus léger que l'eau. On le trouve flottant à sa surface, dans les sites solitaires peuplés de joncs élevés et de grands roseaux. Là, dans ce navire improvisé, la femelle, sur son humide lit, réchauffe silencieusement sa progéniture. Mais si quelque importun vient à la découvrir, si quelque chose menace sa sécurité, l'oiseau sauvage plonge une de ses pattes dans l'onde et s'en sert comme d'une rame pour transporter sa demeure au loin. Le petit batelier conduit son frêle esquif où il lui plaît ; entraînant souvent, tout autour, une grande nappe d'herbes aquatiques, il semble une petite île flottante emportée par le labeur du grèbe, qui s'agite au centre d'un amas de verdure.

La réalité ne dépasse-t-elle pas ici la fiction.

On a longtemps cherché avec quelle substance les hirondelles salanganes de la Chine édifient ces nids qui sont devenus un comestible si recherché. Aujourd'hui l'édification de ces nids et les matériaux employés ne sont plus un secret pour les ornithologistes.

Les premières notions exactes sur l'édification de ces nids extraordinaires ont été données, en 1821, par M. Lamourou. Cet observateur reconnut que les oiseaux les construisaient avec diverses plantes marines qu'ils récoltaient dans les flots, et appartenant surtout aux genres *Gelidium* et *Sphærococcus*. En rasant les vagues, les hirondelles les enlèvent à leur surface, les avalent et les rejettent ensuite mêlées à leurs sucs digestifs, ce qui les rend glutineux, et facilite l'édification du gîte maternel.

La récolte de ces nids est dangereuse parce que les salanganes les placent souvent au fond de cavernes inabordables dans lesquelles il faut glisser avec des cordes, ou descendre à l'aide de longues échelles de bambous.

Ces nids ont acquis une grande célébrité à cause de l'usage que l'on en fait en Chine, pour l'alimentation. Ils y sont l'indispensable complémen de tout repas de luxe. Dans le potage, hachés en petits fragments, ils tiennent lieu de tapioca.

Terminons ce chapitre par quelques observations sur la taille des oiseaux dont l'échelle est bien vaste depuis l'oiseau-mouche, gros comme l'ongle du petit doigt, jusqu'au Dinornis monstreux, race gigantesque à peine éteinte, près de laquelle l'autruche semble un poulet.

Le Dinornis, qui appartenait à la faune de la nouvelle Zélande, et dont on peut voir un squelette au musée de chirurgie de Londres, a dû disparaître à une époque indéterminée mais très-rapprochée de nous. Cet oiseau restitué, devait avoir 18 pieds de hauteur.

L'Épiornis, autre oiseau gigantesque, qui vivait à Madagascar à une date assez rapprochée de nous, car tout atteste que les premiers habitants de cette île l'on parfaitement connu.

Le volume de son œuf égale six fois celui de l'autruche et douze mille fois celui de l'oiseau-mouche. Sa coque épaisse de deux millimètres ne peut être brisée qu'à coups de marteau. Quelle force devait avoir le bec du jeune petit pour trouer cette enveloppe !

INSECTES

CHAPITRE VIII.

INSECTES.

Leur intelligence, phosphorescence, métamorphoses, Abeilles, Araignées, Fourmis, Termites, insectes divers.

« Nous voyons, dit Réaumur, à propos des insectes, dans ces animaux *autant que dans aucun des autres* des procédés qui nous donnent du penchant à leur croire un certain degré d'intelligence. »

Charles de Geer, à juste titre surnommé le Réaumur suédois, nous dit également que les insectes sont doués d'intelligence comme les animaux, quoique, ajoute-t-il, à un moindre degré.

Eh bien, Réaumur et Charles de Geer, comme avant eux Descartes et Condillac, ont confondu deux qualités parfaitement distinctes : l'instinct et l'intelligence.

L'instinct a précisément été accordé aux dernières classes d'animaux comme supplément de l'intelligence, et c'est une loi évidente qu'à mesure que l'intelligence s'éloigne, la nature a pris soin d'y suppléer par l'instinct, forme primitive propre, qui guide les abeilles et les fourmis dans leurs constructions, les incite à vivre en société et à prévoir la disette en amassant des provisions.

C'est donc surtout le merveilleux instinct des insectes que nous aurons à faire connaître et ces outils microscopiques si variés, si étonnants par leur perfection dont la nature les a doués. Réaumur et Remier, deux savants observateurs, ont si bien compris que là réside le véritable intérêt de l'étude des insectes, qu'ils les ont groupés, si l'on peut ainsi s'exprimer, par corps d'état.

C'est ainsi que nous verrons défiler devant nos yeux, suivant l'ingénieuse classification imaginée par M. Pouchet, les insectes chasseurs, les esclavagistes, les architectes et les mangeurs de villes, les fossoyeurs et les mineurs, les tapissiers et les charpentiers, les tondeurs de drap et les mangeurs de plomb, les hydrauliciens et les maçons.

Nous ferons cependant précéder cette revue de quelques observations curieuses sur les conformations particulières de quelques insectes et sur leurs mœurs en général.

Cette classe d'animaux, plus que toutes les autres, offre des extrêmes pour la taille. Ainsi, tandis qu'il faut le secours du microscope pour distinguer certaines espèces, nous voyons le Goliath de Drury dépasser la taille de certains oiseaux, qu'il étoufferait avec la plus grande facilité dans ses serres robustes.

La variété dans la coloration est aussi l'apanage des insectes, et, dans nulle autre classe d'animaux, on n'en rencontre une aussi prodigieuse. Seuls, les métaux et les pierres précieuses peuvent soutenir la comparaison. Quelques groupes, tels que les Cétoines, les Carabes, les Calasomes, les Buprestes et certains charençons resplendissent de si vives couleurs, qu'aux Indes et en Chine on confectionne avec leurs élytres des bijoux pour les femmes. Il y a plus, certains insectes sont doués de l'inexplicable propriété de jeter dans les ténèbres une lueur assez vive pour illuminer les plantes sur lesquelles ils cherchent un refuge.

Tout le monde connaît le lampyre noctiluque, plus connu sous son nom vulgaire de ver luisant; eh bien, cette vive lueur qui, tout enfants, nous a si étonnament frappés, n'est rien auprès du fulgurant éclat d'un hémiptère nommé fulgore, qui permet de distinguer les mots tracés sur une feuille de papier.

« Aux Antilles, dit M. Pouchet, la phosphorescence des insectes est journellement utilisée. Là on se sert d'un taupin lumineux, dont le corselet devient éblouissaet au milieu des ténèbres. A Cuba, souvent les femmes renferment plusieurs de ces coléoptères dans de petites cages en verre ou en bois qu'elles suspendent dans les appartements, et ce lustre vivant y répand assez de clarté pour suffire aux travailleurs. Là aussi les voyageurs éclairent leur marche au milieu de la nuit, dans un chemin difficile, en attachant un de ces taupins sur chacun de leurs pieds. Les créoles en mêlent parfois aux boucles de leur chevelure, et ceux-ci, comme de resplendissantes pierreries, donnent à leurs têtes le plus féerique aspect. Pendant leurs danses nocturnes, on voit encore les négresses parsemer de ces brillants insectes les robes de dentelles que la nature leur offre toutes tissées à même l'écorce du Lagetto. Dans leurs mouvements rapides et lascifs, elles semblent enveloppées d'une robe de feu (1).

Rien d'étrange comme les métamorphoses des insectes. Celle de la libellule est des plus étonnantes. Après avoir, larve ignoble, passé sous l'eau une partie de sa vie dans la bourbe, elle grimpe sur une herbe, au jour de sa transforma-

(1) Ainsi qu'il en est pour tant de phénomènes vitaux, la phosphorescence des insectes est encore loin d'être expliquée. H. Davy et Treviranus l'ont attribuée à une substance renfermant du phosphore, qui s'isole des humeurs de l'animal et brûle, comme ce corps, à l'aide de l'oxygène de l'air. Ce serait donc une véritable combustion. La présence de l'acide phosphorique à l'intérieur de ces insectes semble donner une certaine autorité à cette hypothèse. Un anatomiste allemand, le célèbre Carus, a découvert que les œufs de ces animaux étaient lumineux. C'est un fait curieux et de nature à jeter quelque jour sur la question.

tion, y dépose sa livrée boueuse, et déploie ses ailes transparentes et irisées qui l'emportent à travers les airs. La transformation est si complète que si on la plongeait dans l'eau, où elle vivait quelques minutes auparavant, elle y périrait en peu d'instants.

Au reste, chez la plupart des insectes, la magie des métamorphoses confond l'imagination. C'est une succession de changements à vue, dont le dernier donne naissance à un être complétement différent du premier.

Si l'instinct prédomine dans la plupart des insectes aux dépens de l'intelligence, il est impossible, cependant, de refuser cette dernière qualité à cetains de ces animaux, et Ratzeburg, par exemple, qui nous a donné dans des planches magnifiques la représentation du cerveau des abeilles, fait cette remarque curieuse, que les plus ingénieux des insectes ont un système nerveux plus centralisé que les autres, et une tête proportionnellement plus grosse. Telles sont les abeilles et es araignées.

L'automatisme des insectes, inventé par Descartes, qui ne les connaissait guère, n'est plus soutenable pour l'observateur.

Les abeilles peuvent, d'instinct, se réunir en société et construire leurs demeures géométriques; mais qu'un événement imprévu vienne déranger l'économie de leur petit phalanstère, vous les verrez aussitôt faire preuve de décision et d'intelligence; cette fois, le mot n'est pas trop fort.

Lorsqu'un ennemi redoutable, tel qu'une forte et lourde limace, se faufile dans une ruche, « alors, dit M. Pouchet, un frémissement général s'empare des travailleurs; chacun apprête ses armes, tourbillonne autour de l'envahisseur et le perce de son dard. Assailli avec furie, blessé de tous côtés, empoisonné par le venin, l'animal rampant meurt au milieu de violentes contorsions. Mais que faire d'un si pesant ennemi? Les petites pattes de toute la tribu ne suffiraient pas pour en ébranler le cadavre, et l'étroite porte de la ruche pour le laisser passer. Les exhalaisons putrides vont cependant bientôt infecter la colonie et y développer le germe de quelque maladie. Comment sortir de cet embarras?

La république avise et prend une résolution subite, comme si on y connaissait à fond l'art de l'ancienne Égypte. Ainsi que sous les pharaons on embaumait les cadavres des animaux, soit dans un but religieux, soit pour se préserver de leurs émanations pestilentielles, toutes les abeilles se mettent immédiatement à l'œuvre et embaument le mort dont la présence les menace. A cet effet, les ouvrières se dispersent dans la campagne pour y recueillir la matière résineuse qui englue les bourgeons, car c'est elle qui remplace les essences et l'aloès des ensevelisseurs de la Thébaïde. Avec celle-ci, les abeilles enveloppent étroitement le mort, en guise de bandelettes, et déposent tout autour de son corps une couche épaisse et solide qui le préserve de la putréfaction. »

Mais aucun acte de l'intelligence des insectes n'égale celui par lequel les abeilles se façonnent une Reine, quand celle-ci vient à leur manquer. Elles connaissent assez les ressorts de la vie pour s'en créer une nouvelle. Les nourrices savent que c'est à leur égoïsme, qu'on peut qualifier de malthusien, qu'est dû, chez leurs semblables, l'avortement du principe de fécondité. Que font-elles ? Pour se procurer une nouvelle souveraine, elles accomplissent sans perdre de temps les plus grands travaux.

Sur le bord de l'un des gâteaux, on les voit amasser d'amples matériaux et construire une vaste cellule royale, quarante ou cinquante fois plus grande que les autres. Après, elles vont enlever une simple ouvrière à son étroite alvéole, et la placent dans ce palais. Aussitôt que celle-ci se trouve placée dans cette somptueuse demeure, les nourrices, devenues pleines de tendresse, lui prodiguent une nourriture plus suave et plus parfumée, et sous l'influence de cette ambroisie, la larve qui n'était appelée qu'à la plus humble condition, voit apparaître ses organes de fécondité. C'est désormais une Reine. Est-il possible de pousser plus loin la connaissance intime de son être et l'art d'en modifier la nature.

L'araignée qui, dans l'ordre d'intelligence, vient après l'abeille, peut être classée parmi les insectes chasseurs. « Les araignées, dit Montaigne, ont délibération, pensement et conclusion. » Peu d'animaux, en effet, déploient plus d'industrie et de ruses pour s'assurer de leur proie.

Cet insecte doué, nous l'avons dit, d'une rare

intelligence et d'une admirable structure, se présente sous les dimensions les plus opposées, depuis la petite araignée visible seulement à la loupe jusqu'à l'araignée aviculaire, qui égorge les oiseaux mouches, et la gigantesque araignée aux poulets, terrible habitant de la Colombie, qui choisit ses victimes parmi les gallinacées, et dont le corps a le volume d'un gros œuf.

Tout le monde a pu admirer dans nos jardins ces admirables filets circulaires qui, suivant Reimarus, sont le modèle des rayons qui partent d'un centre. Moins régulières, mais non moins ingénieuses sont les toiles des espèces qui envahissent nos habitations.

Ordinairement attachées aux angles des murs, ces toiles offrent une sorte de nappe couverte de poussière, qui ne tient lieu que de plancher. En effet, c'est dans les fils irrégulièrement entrecroisés au-dessus que la proie vient s'embarrasser.

Mais la partie la plus ingénieuse de ce piége est le gîte où l'animal chasseur se tient à l'affût du gibier. Il se compose d'un passage circulaire à double issue. Par l'une, l'araignée s'élance sur sa proie; par l'autre, elle rejette les cadavres compromettants de ses victimes.

Au nombre des insectes chasseurs et des plus ingénieux, il faut encore compter le fourmi-lion, l'ennemi des fourmis, comme l'indique son nom.

Tous les écoliers connaissent son piége, formé d'un cône renversé creusé par l'insecte dans le sable fin et au fond duquel il se tient aux aguets. Une victime vient-elle à débouler dans ce mortel entonnoir, vite le fourmi-lion l'étouffe en lui lançant du sable. Puis son repas terminé, pour ne point conserver dans son repaire les restes de sa victime, il les lance à quelques pouces de son trou au moyen de ses fortes mandibules qu'il a ramenées sur sa tête et qu'il décroise brusquement.

Après les insectes chasseurs viennent les esclavagistes. Ce sont les fourmis les troisièmes dans l'ordre intellectuel de leur classe.

Leur façon de se procurer des esclaves est toute humaine. Lisez les lignes suivantes, et dites si l'on ne croirait pas feuilleter les premières pages de l'histoire de Sparte. C'est Huber qui a observé ce trait de mœurs chez la fourmi roussâtre ou amazone.

« Lorsque la fourmi amazone se met en campagne pour enlever des esclaves, et surtout des fourmis mineuses qui lui en servent ordinairement, elle y procède toujours avec beaucoup d'ordre. L'excursion commence à l'entrée de la nuit. Aussitôt après être sorties de leur demeure, les amazones se groupent en colonnes serrées, et leur armée se dirige vers la fourmilière qu'elles vont spolier. En vain les guerriers de celle-ci veulent-ils en barrer l'entrée ; malgré leurs efforts, elles pénètrent jusqu'au cœur de la place, et en fouillent tous les compartiments pour choisir leurs victimes, les larves et les nymphes. Les travailleurs qui s'opposent à leurs rapines sont simplement terrassés, mais elles ne s'en emparent pas parce qu'ils se prêteraient difficilement au joug : il ne leur faut que de jeunes individus qu'on puisse y façonner. Lorsque le sac de la place est complet, chaque conquérant prend délicatement une nymphe ou une larve entre ses dents et s'occupe du retour. Ceux qui n'en peuvent trouver emportent les cadavres mutilés des ennemis pour en faire leur pâture. Puis toute l'armée, chargée de butin, et se développant parfois sur une quarantaine de mètres de longueur, regagne triomphalement sa cité dans le même ordre qu'elle avait à son départ. »

« Aussitôt que les jeunes fourmis arrachées à leurs foyers arrivent à la demeure des ravisseurs, les esclaves qui s'y trouvent déjà leur prodiguent les soins les plus empressés. Elles leur donnent à manger, les approprient et réchauffent leur corps glacé. »

Qui aurait pensé que les fourmis fussent des peuples pasteurs, ni plus ni moins que les Juifs de l'Écriture? Il en est pourtant ainsi. Les fourmis sont très-friandes d'une liqueur sucrée que les pucerons secrètent par deux petits mamelons placés à l'extrémité du dos. On peut souvent les voir éparpillées à la surface des végétaux, suçant tour à tour ce nectar sur chaque puceron qu'elles rencontrent. Elles se font parfois aider de leurs esclaves pour enlever ces petits animaux et les emprisonner dans leurs demeures, afin de les traire quand bon leur semble, et elles prennent soin de leur nourriture comme de bestiaux à l'étable.

Quittons ces industrieuses bestioles pour passer aux termites, connus aussi sous le nom de fourmis blanches, qui sont à la fois les constructeurs et les destructeurs les plus étonnants de leur classe.

Les termites des régions tropicales vivent en républiques composées de diverses sortes d'individus : les mâles, qui ont des ailes, et les travailleurs, les soldats et les reines qui n'en présentent pas.

Les travailleurs ne s'occupent que de la construction des maisons.

Les soldats n'ont pour mission que de défendre la colonie et d'y maintenir l'ordre. Il serait à souhaiter que toutes les armées permanentes ressemblassent à celle-là.

Enfin viennent les femelles, qui sont chargées

uniquement de la reproduction. Monstrueux sacs à œufs, leur fécondité est effrayante. Lorsque leur abdomen est gonflé de toute sa portée, dit M. Pouchet, il n'a pas moins de deux mille fois plus d'ampleur qu'auparavant. Ce réceptacle à progéniture lance un œuf par seconde, plus de quatre-vingt mille par jour !

Les dimensions et la solidité des nids du termite font l'étonnement du voyageur quand on les compare à la faiblesse de l'insecte. Ils offrent jusqu'à vingt pieds de hauteur et lorsqu'on parcourt les sites où abondent les colonies de termites, on les prendrait tout d'abord pour des villages d'Indiens.

L'intérieur contient de vastes chambres et de longues galeries qui s'enfoncent jusqu'à trois ou quatre pieds dans la terre.

On a calculé que si l'homme donnait proportionnellement à la hauteur de son corps les mêmes dimensions à ses maisons, elles seraient quatre ou cinq fois plus élevées que la plus grande des pyramides.

En revanche, il est d'autres termites, qui au lieu d'édifier ne s'occupent qu'à détruire, et leur puissance de destruction est tellement grande que Smeatman qui a donné une très intéressante histoire de ces nécroptères, rapporte qu'ils ont détruit des villes entières que leurs habitants ont été obligés d'abandonner.

Suivant Mistress Lee, il ne faut à une légion de termites qu'une quinzaine de jours pour dévorer un escalier en bois.

Ce fléau s'est abattu en France depuis un certain nombre d'années, entre autres à Rochefort, à la Rochelle, à Aix et à Tonnay-Charente, où ils menacent constamment les habitations de ces diverses localités, sans qu'on ait trouvé jusqu'à présent un autre moyen efficace de les en expulser, que d'employer contre eux la mine.

Telles sont les principales curiosités que présentent les insectes. Nous pourrions encore parler des Nécrophores qui enfouissent dans la terre des animaux morts comme de véritables fossoyeurs, de la taupe grillon, véritable mineur de ces légions d'insectes qui coupent et taillent le bois, comme de véritables menuisiers, à l'aide de robustes mandibules, des papillons et de leurs larves qui tondent le drap, du Sirex géant dont la larve mange le plomb ; mais les bornes de cet ouvrage ne nous permettent que de signaler ces insectes et de renvoyer le lecteur à l'intéressant ouvrage de M. Pouchet : l'*Univers*, où il trouvera les plus intéressants détails.

FIN.

TABLE DES MATIÈRES

Paris. — Typ. Gaittet, rue du Jardinet 1.

P. LEBIGRE-DUQUESNE

ÉDITEUR

PRINCIPALES PUBLICATIONS

Toutes nos expéditions se font immédiatement

L P

PARIS

16, rue Hautefeuille, 16

SECRETS ET MYSTÈRES

DE LA

SORCELLERIE

OU LA

MAGIE MISE A LA PORTÉE DE TOUT LE MONDE

UN JOLI VOLUME DE PRÈS DE 400 PAGES

AVEC GRAVURES

PRIX : 1 FRANC

On voit chaque jour des gens condamnés par les tribunaux pour avoir abusé de la crédulité publique ; aussi croyons-nous rendre un véritable service en mettant à la portée de tout le monde un livre qui dévoile TOUS LES SECRETS ET MYSTÈRES DES SORCIERS : *tous ceux qui posséderont ce livre en sauront autant qu'eux.*

En lisant l'explication de toutes ces choses qui paraissent surnaturelles, on verra quelle confiance on peut accorder aux charlatans.—Ce livre étant DÉDIÉ A TOUT LE MONDE, le prix est de *un franc seulement* (et 20 centimes de port).

Pour recevoir de suite et *franco* l'ouvrage **SECRETS ET MYSTÈRES DE LA SORCELLERIE**, il suffit d'adresser 1 fr. 20 c., soit en timbres-poste, soit en un mandat sur la poste à MM. LEBIGRE-DUQUESNE FRÈRES, éditeurs, 16, rue Hautefeuille, à Paris.

exact de la situation nouvelle que l'annexion a faite à son pays.

Chaque fonctionnaire y trouvera la division des anciennes provinces, en départements, arrondissements, cantons, communes, ainsi que la liste des fonctionnaires appelés à les diriger, Enfin, nous avons voulu justifier notre titre; nous avons pour cela recueilli, avec un soin particulier, les noms de tous les bons citoyens qui ont signé les adresses envoyées à l'Empereur, comme témoignage de sympathie et d'amour; en lisant son nom avec un légitime orgueil, chacun de nos nouveaux concitoynse pourra se convaincre que, si la Savoie est aimante, la France, de son côté, n'est point oublieuse.

PARIS — TYPOGRAPHIE DE GAITTET
1, rue du Jardinet

www.ingramcontent.com/pod-product-compliance
Lightning Source LLC
LaVergne TN
LVHW020607230826
846091LV00002B/637

9782329337098